輕便出門剛剛好の人氣斜背包

輕便出門剛剛好の
人氣斜背包

能裝入錢包、智慧型手機、手帕和鑰匙的
Small Size 斜背包，既時尚又輕鬆！
斜背時還能空出兩手自由使用，非常便利。
除了臨時外出時攜帶，
也推薦在行李多時，只裝入必要小物時使用。
從平時的運用到旅行，各種場合都很實用喔！

Contents

設計・製作協力

大河原夏子（nachic）
http://instagram.com/nachic0202/

冨山朋子（popo）
http://popozakka.exblog.jp

柏谷真紀（nikomaki*）
http://nikomaki123.tumblr.com/

西村明子

浜田敬子
http://amyu-amyu.seesaa.net/

吉澤瑞惠

扁平包

＋＋＋＋＋＋＋＋＋＋＋＋＋＋＋＋＋

完整呈現出北歐風印花的簡單設計，
非常時髦。
由於布料有防水塗膜（PVC coating）處理，
所以下雨天也不用擔心。

作 法

P.35

設計・製作 ◈ 冨山朋子（popo）

1

內側附有方便使用的口袋。

作 法
—————
P.48

設計‧製作 ◈ 冨山朋子（popo）

此兩款斜背包配色的品味
令人眼睛一亮。
表布使用麻布、裡布使用帆布，
連所使用的皮革背繩，
都成為特色裝飾。

本體&口袋皆縫上拉鍊，使用起來更安心。

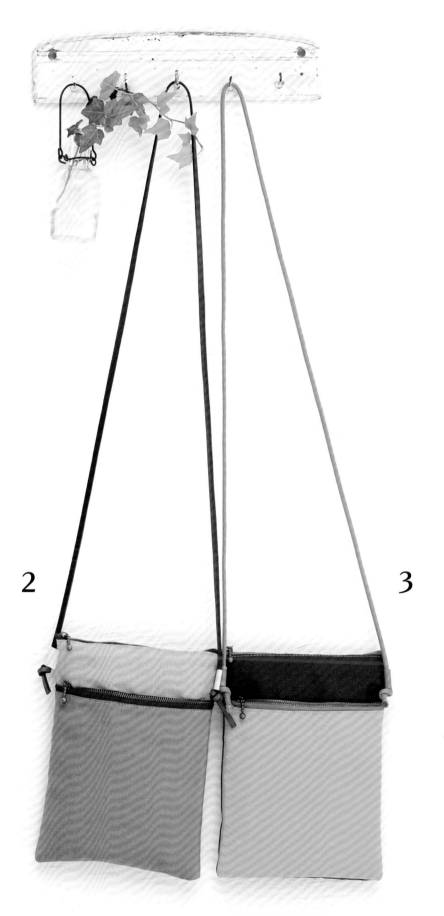

2

3

束口包 🌲🌲

+ + + + + + + + + + + + +

駝色與黑底白點印花，超級速配！
這是一款使用起來相同俏皮的束口袋包款。

作 法
──────
P.38

設計・製作 ◈ nikomaki*
提把 ◈ INAZUMA

放入錢包、鑰匙、智慧手機⋯⋯
每天購物時隨身必背！

4

底布是橢圓形。
重點在於以幾個不太明顯的抽褶
來強調出可愛的輪廓。

連身衣・內搭褲／prit

此束口包在袋口處以配布拼接，
本體的布料則以堅固耐用為考量，
使用起來相當舒適。
以基本款布料為主的設計，
很適合優雅大人氣質的女性使用。

5

作 法
P.40

設計・製作 ◈ nikomaki*
提把 ◈ INAZUMA

6

外摺的側幅
更顯時髦。

反摺袋口の
設計包

+++++++++++++++++++++++

車縫方形袋身＆反摺袋口，
完成簡單卻有時尚感的設計。
典雅的格子布搭配從袋口隱約可見的桃紅色內裡，
視覺效果大加分！

作 法

P.74

製作 ◈ 吉田みか子
提把・D型環・磁釦 ◈ INAZUMA

拆下提把，作為手拿包使用。

7

圍巾・套頭衫・褲子／prit

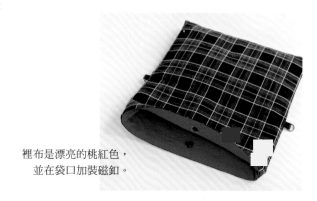

裡布是漂亮的桃紅色，
並在袋口加裝磁釦。

6

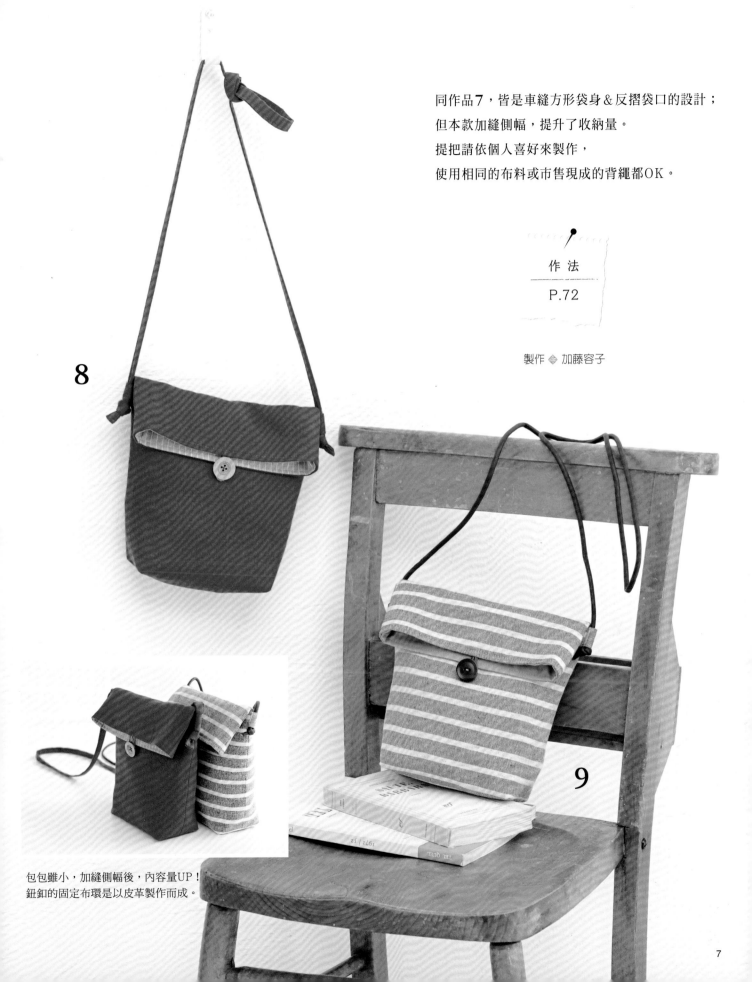

同作品7，皆是車縫方形袋身＆反摺袋口的設計；
但本款加縫側幅，提升了收納量。
提把請依個人喜好來製作，
使用相同的布料或市售現成的背繩都OK。

作法
P.72

製作 ◈ 加藤容子

8

9

包包雖小，加縫側幅後，內容量UP！
鈕釦的固定布環是以皮革製作而成。

長夾斜背包

給人大尺寸長夾感的斜背包。
旅行時，搭配大型提包一起使用
非常方便喔！

作 法
P.36

製作 ◈ 寺田志津香
提把‧D 型環 ◈ INAZUMA

10

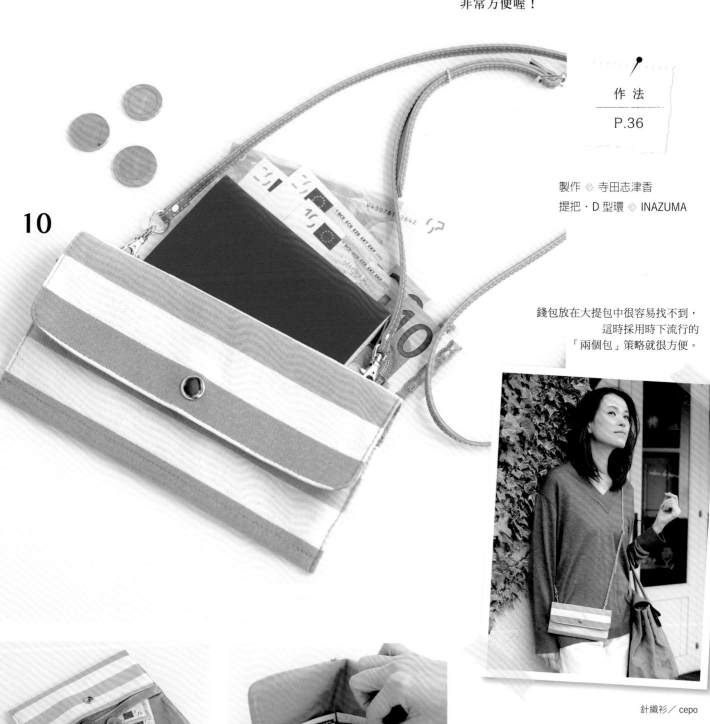

錢包放在大提包中很容易找不到，
這時採用時下流行的
「兩個包」策略就很方便。

針織衫／cepo

打開四合釦，
可見紙鈔、零錢、
卡片的收納設計。

稱為pochellet的斜背包，
只要拆掉提把就變成了普通
的長夾錢包。滾邊是以斜紋
布條包裹著車縫製作而成。

11

12

作 法

P.10

製作 ◈ 吉田みか子
斜紋布條 ◈ Captin
D 型環・問號鉤（11）◈ INAZUMA
提把・D 型環（12）◈ INAZUMA

拉鍊＋側幅的大開口設計，
使用起來非常方便。
包內還有很多收納口袋。

P.9 11・12

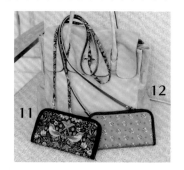

◈ 材料（1件）

- 11 表布（棉布・鳥紋）40cm寬 70cm
- 12 表布（棉布・花紋）40cm寬 70cm
- 裡布（棉布・素色）100cm寬 30cm
- 單膠棉襯 30cm寬 30cm
- 平針織拉鍊 17cm×1條／38cm×1條
- D型環 1.1cm（AK-6-14／INAZUMA）2個
- 斜紋布條（滾邊型）1cm寬 1m
- 11 問號鉤 1cm（AK-19-10／INAZUMA）2個
- 12 提把（YAS-1013#870暗咖啡色／INAZUMA）1條

製圖

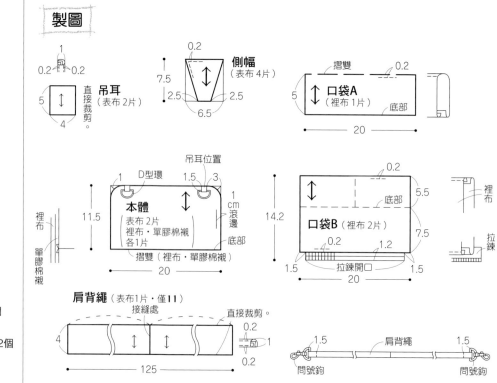

吊耳（表布 2片）

側幅（表布 4片）

口袋A（裡布 1片）

本體 表布 2片 裡布・單膠棉襯 各1片

口袋B（裡布 2片）

肩背繩（表布1片・僅11）

表布裁布圖

表本體

表本體

提把（僅11）

側幅

吊耳

40cm寬

70

裡布裁布圖

裡本體

口袋A

口袋B

30

100cm寬

作法

1 製作側幅。

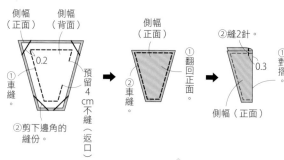

2 製作吊耳。

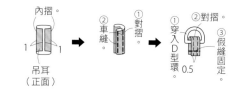

3 製作口袋A・B。

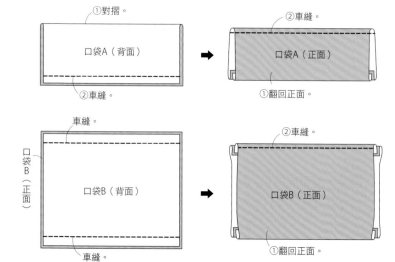

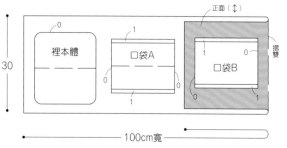

10

4 將口袋A・B接縫於裡本體。

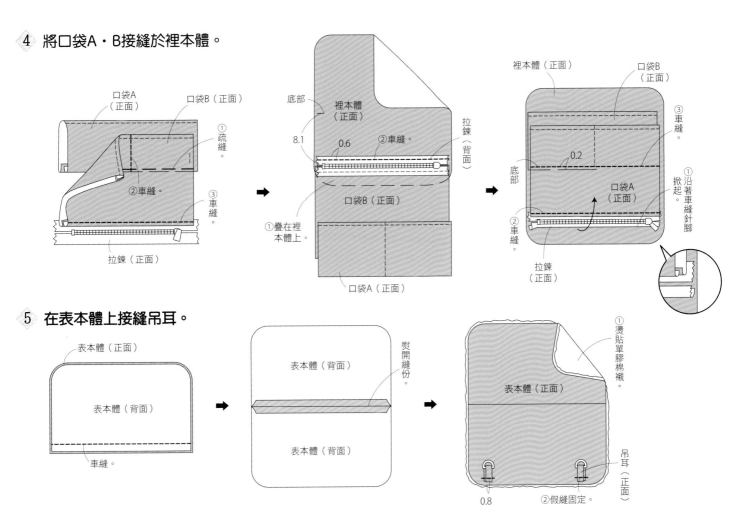

5 在表本體上接縫吊耳。

6 縫合表本體＆裡本體，接縫拉鍊。

7 在脇邊上接縫側幅。

8 完成！

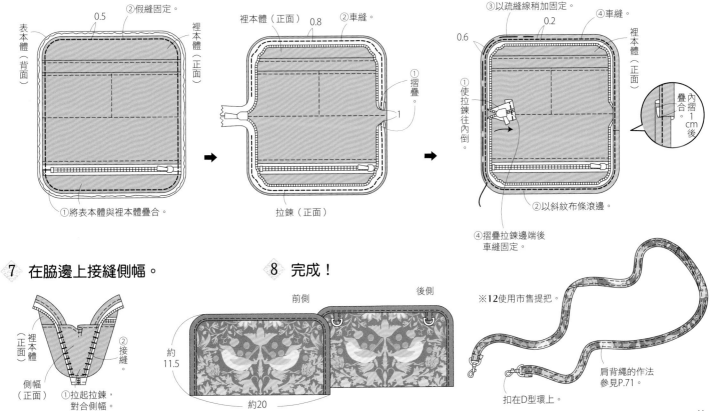

※12使用市售提把。

肩背繩的作法
參見P.71。

扣在D型環上。

2 WAY設計包・1

作 法
P.78

製作 ◎ 寺田志津香
提把・D型環・磁釦 INAZUMA

13

斜背

作為手提包使用，
會給人更深刻的可愛印象。

手提

圍巾・襯衫／prit

以打褶使包型鼓起的咖啡色格子斜背包，
非常適合日常使用。
拆下提把，就變成了手提包。

手提

拆下肩背的提把，
就變成了手提包。

以色彩鮮豔的印花斜背包，
當作穿搭的亮點吧！
可愛的鳥紋印花布迷你包款，
特別推薦給熟女世代的女性。

作 法
P.76

製作　吉田みか子
D 型環・問號鉤・日型環　INAZUMA

14

斜背

2WAY設計包・2

以三色提把呈現丹寧簡潔感的斜背包。
拆下斜背繩後，立刻變身收納用的包中包。

15

作 法
P.70

製作 ◈ 寺田志津香
磁釦 ◈ INAZUMA

斜背

當作大型包的收納用包中包也OK！

包中包

除了外口袋，內側也附有能固定水壺或保特瓶的水
壺袋。

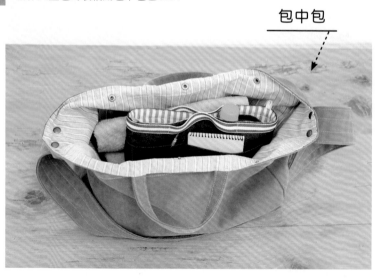

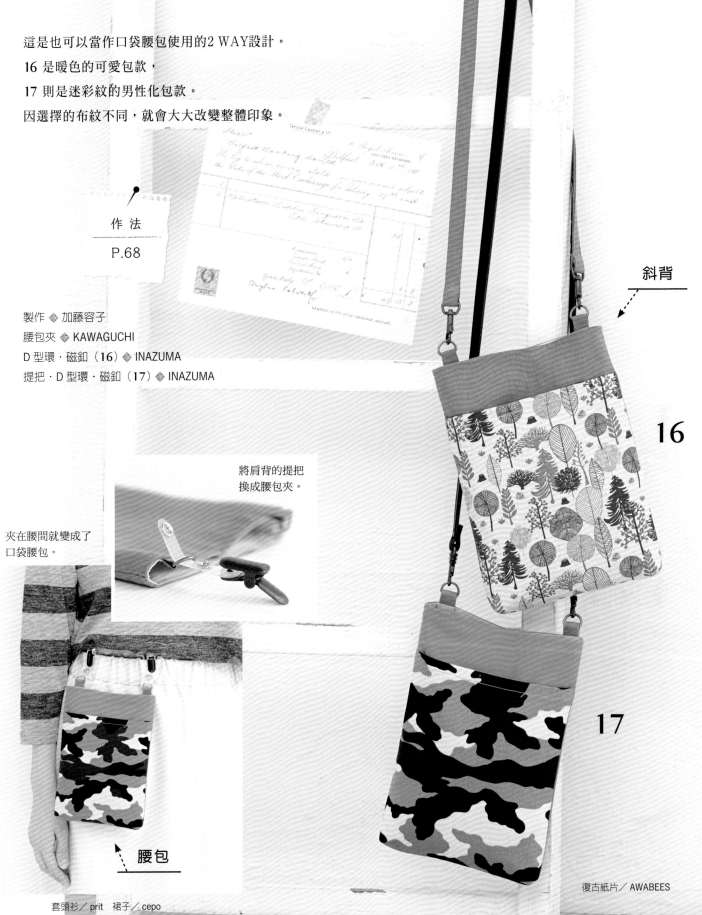

這是也可以當作口袋腰包使用的2 WAY設計。

16 是暖色的可愛包款，

17 則是迷彩紋的男性化包款。

因選擇的布紋不同，就會大大改變整體印象。

作 法

P.68

製作 ◈ 加藤容子
腰包夾 ◈ KAWAGUCHI
D 型環・磁釦（16）◈ INAZUMA
提把・D 型環・磁釦（17）◈ INAZUMA

斜背

16

將肩背的提把
換成腰包夾。

夾在腰間就變成了
口袋腰包。

17

腰包

復古紙片／AWABEES

套頭衫／prit 裙子／cepo

寬大側幅の方形包

呈現胖鼓鼓&方正包體的休閒設計款。
在深藍色帆布上加裝紅色拉鍊，則營造出海軍風的印象。

單手拿著相機在街上散步吧！
非常適合搭配休閒風的打扮喔！

18

連身衣・褲子／cepo

作 法
P.50

設計・製作 ❖ 冨山朋子（popo）

半圓包

+ + + + + + + + + + + +

包口幅寬很大、
使用起來相當方便的半圓斜背包。
製作時將素色布&格子布的配置互換也OK。
拆下提把,
也可以當作大型手拿包使用。

若能使用皮革&鉚釘,完成的成品將更有質感。

20

19

作 法
P.64

設計・製作 ◆ 冨山朋子（popo）
帽子／Charm Hatter（MOONBAT）

綴上蕾絲&刺繡

拼接玫瑰印花布&蕾絲，
並燙貼上單膠棉襯，
製作出軟蓬蓬的Lady斜背包。

21

椭圓形的底部加上蓬鬆的抽褶，
就能縫製出可愛的包款。

作 法
P.54

設計‧製作 ◈ 浜田敬子
提把 ◈ INAZUMA

點綴在黑色底布上的白玫瑰十字繡&
接縫於提把內側的蕾絲等，
以古典又高雅的細節作出成熟韻味的斜背包。
此包款也適用於正式場合。

作法

P.56

設計・製作 ◈ 浜田敬子

22

將邊角修圓&縫製褶襇而成的圓弧包底，
散發出優雅的氣息。

作為吸睛亮點的十字繡，
輕鬆就能完成的優點
也很令人開心。

圓弧感の設計包

採用典雅布料縫製的斜背包
散發著能令人充分感受
休閒氛圍的樂趣。
圓弧的外形＆機能性口袋……
是能持續長久使用的設計包款。

23

24

作 法

23 ▶ P.60
24 ▶ P.62

設計・製作 ◈ 吉澤瑞恵

小巧的尺寸＆符合身形的貼心設計，
直接背在肩上也很輕鬆。
由於兩手不必拎著包包，
喝咖啡時既悠閒又自在。

後側附有容易取出、放入物品的口袋，
非常方便。

24

襯衫・褲子／prit

23 除了利用布料的接縫處加裝附拉鍊口袋之外，
內側也有口袋。

24 袋蓋下就是拉鍊的開口，收納口袋也很充足，
是使用起來很順手的優秀設計。

直接將布料的接縫處作成釦眼。

附袋蓋の設計包 🌲🌲

✛✛✛✛✛✛✛✛✛✛✛✛✛✛✛✛✛✛✛✛✛✛✛✛✛✛✛✛✛✛✛✛✛✛

剛好可放入智慧手機＆相機的小型斜背包。
黃色袋蓋感覺很清爽。
肩背繩的長度，可自由在D型環上打結做調整。

作 法
P.24

設計・製作 ◇ nikomaki*

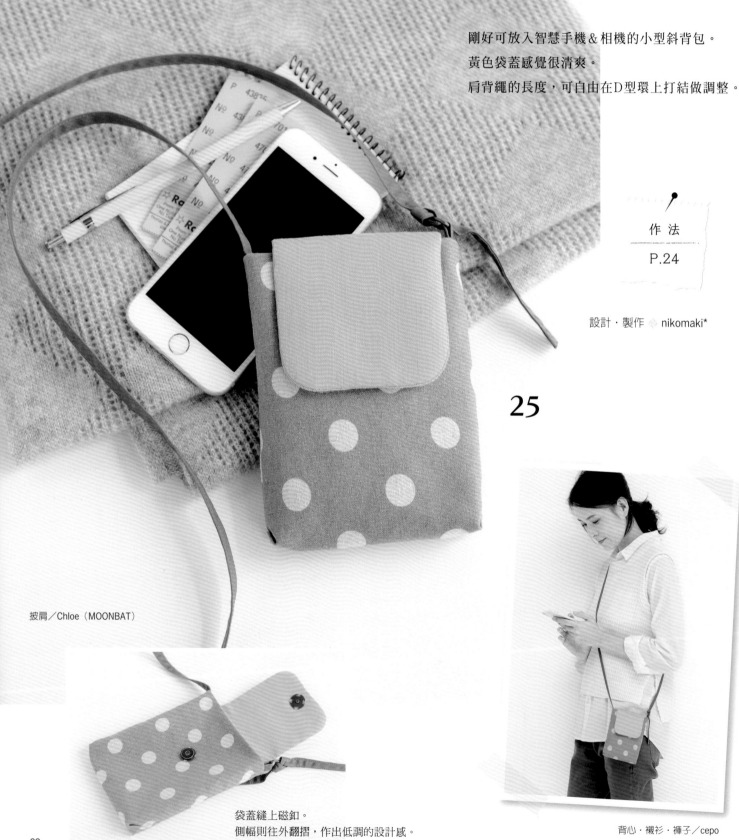

25

披肩／Chloe（MOONBAT）

袋蓋縫上磁釦。
側幅則往外翻摺，作出低調的設計感。

背心・襯衫・褲子／cepo

二折皮夾、智慧手機、手帕等必要物品
皆能快速地取出。

寬度設計得稍寬的斜背包，
接縫在袋蓋上的皮革垂片相當時髦。
黑底白圓點的印花，
則成為突顯簡單穿搭的重點配件。

作 法
P.46

設計・製作 ◈ nikomaki
提把 ◈ INAZUMA

26

P.22　25

製圖
★袋蓋的原寸紙型參見P.25。

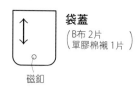

袋蓋
（B布 2片）
（單膠棉襯 1片）
磁釦

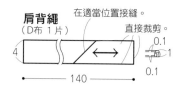

肩背繩
（D布 1片）
在適當位置接縫。
直接裁剪。
4
140
0.1
1
0.1

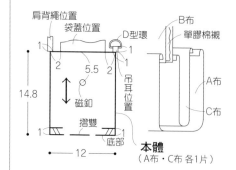

肩背繩位置
袋蓋位置
D型環
1
1
2　5.5　2
14.8
磁釦
吊耳位置
摺雙
底部
12
本體
（A布・C布 各1片）

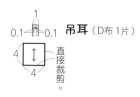

B布
單膠棉襯
A布
C布

1
0.1　0.1
吊耳（D布 1片）
4　直接裁剪。
4

材料

- A布（棉布・點點）20cm寬 40cm
- B布（棉布・黃色）30cm寬 20cm
- C布（棉布・素色）20cm寬 40cm
- D布（棉布・灰色）20cm寬 80cm
- 單膠棉襯 10cm寬 20cm
- D型環 1.1cm×1個
- 磁釦 直徑1.8cm×1組

A布・C布裁布圖

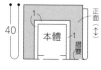

40
1
正面
本體
1
摺雙
←20cm寬→

B布裁布圖

袋蓋
20
1
正面
←30cm寬→

D布裁布圖

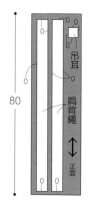

80
吊耳
肩背繩
正面
←20cm寬→

作法

① 製作袋蓋。

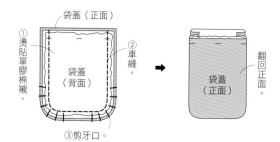

袋蓋（正面）
①燙貼單膠棉襯
②車縫
袋蓋（背面）
③剪牙口。
袋蓋（正面）
翻回正面。

② 製作吊耳。

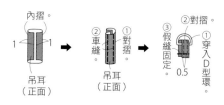

內摺。
1　1
吊耳（正面）
②車縫
①對摺
吊耳（正面）
③假縫固定。
0.5
②對摺
①穿入D型環。

③ 製作肩背繩。

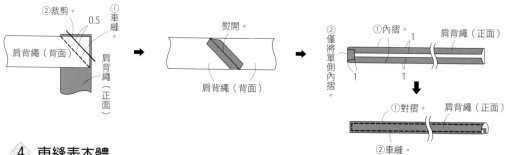

②裁剪。
0.5
①車縫。
肩背繩（背面）
肩背繩（正面）
熨開。
肩背繩（背面）
②僅將單側內摺。
①內摺。
1　1
肩背繩（正面）
①對摺
②車縫。
肩背繩（正面）

④ 車縫表本體

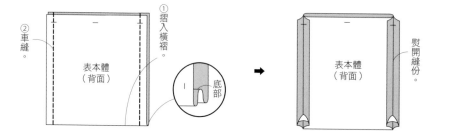

②車縫。
①摺入橫褶。
表本體（背面）
底部
表本體（背面）
熨開縫份。

◇ 5 假縫固定肩背繩・
    吊耳・袋蓋。

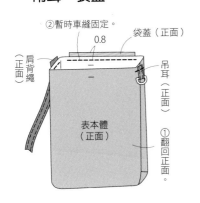

②暫時車縫固定。
0.8
袋蓋（正面）
肩背繩（正面）
吊耳（正面）
表本體（正面）
①翻回正面。

◇ 6 車縫裡本體。

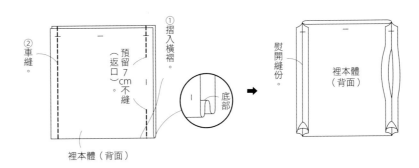

①摺入橫褶
②車縫。
預留7cm不縫（返口）
裡本體（背面）
底部
熨開縫份。
裡本體（背面）

◇ 7 縫合表本體＆
    裡本體。

表本體（背面）
②車縫。
①將表本體疊放於裡本體中。
裡本體（背面）

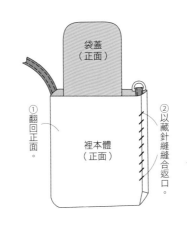

袋蓋（正面）
①翻回正面。
裡本體（正面）
②以藏針縫縫合返口。

◇ 8 縫上磁釦。

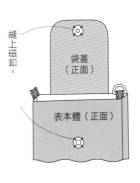

縫上磁釦。
袋蓋（正面）
表本體（正面）

◇ 9 完成！

原寸紙型

P.23　26 袋蓋
P.22　25 袋蓋

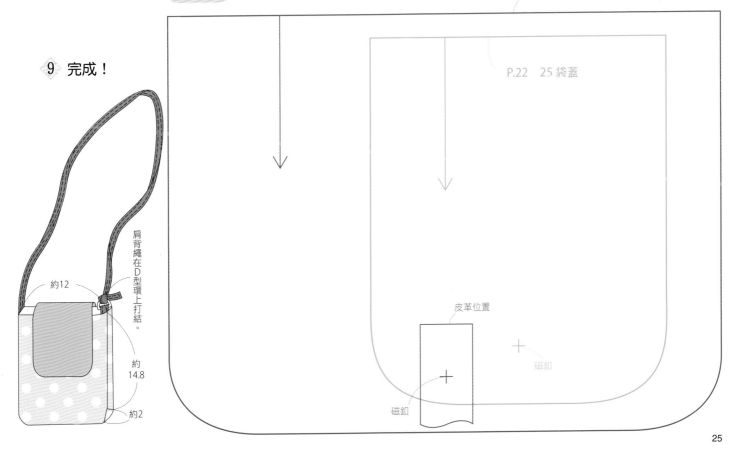

約12
肩背繩在D型環上打結。
約14.8
約2

皮革位置
磁釦
磁釦

25

迷你包

作 法
P.52

設計・製作 ◇ 大河原夏子（nachic）
日型環 ◇ INAZUMA
相框／AWABEES

27

28

拉鍊開口的設計
可以輕易放入口紅、零錢包等。

可以如首飾般穿搭在身上，非常迷你的斜背包。
以格子＆條紋緞帶作為主要裝飾，散發出大人味的可愛感。

雖然尺寸迷你，
但因為有側幅，所以收納力超乎想像。
可自由拆裝肩背繩，
也可以作為化妝包使用的多way功能相當便利。

作 法
———
P.66

設計・製作 ◈ 大河原夏子（nachic）
提把 ◈ INAZUMA

29

電話留言簿（粉色）／AWABEES
針織外套／prit

迷你尺寸斜背包
是外出散步時的特別推薦款。

掀起袋蓋就是
拉鍊開口。

口金包

本款是使用雙口金的特殊設計。
由於口袋是從本體延伸而來的，
所以能夠簡單地完成製作。
布料則採用條紋＆花紋的組合。

古典的口金包，
非常適合簡單自然的裝扮。

30

作　法
P.42

設計・製作 ◈ 西村明子
口金・提把 ◈ INAZUMA

連身衣・套頭衫／prit

作 法
P.44

設計・製作 ◇ 西村明子
口金・提把 ◇ INAZUMA

復古氛圍的印花布＆古典氣質的口金
真是絕配！
口金珠釦的顏色，請配合布料來挑選。

31

在底部作出褶襉，
就能縫製出漂亮的圓弧包身。

艾菲爾鐵塔・明信片／AWABEES

支架口金包

使用有magic hanger之稱的支架口金，
包口就能打開得很大。
容易看清內裡＆物品的取出放入都很方便，
就是此包款的魅力所在。

作 法

P.58

設計・製作 ◈ 西村明子
口金 ◈ ORNEMENT

32

拉鍊＆口金的組合運用。

彈簧口金斜背包皆以蕾絲點綴出女性化的設計。
肩背繩則是在羅緞緞帶上車縫蕾絲製作而成。

作 法

P.32

設計・製作　西村明子
彈簧口金・問號鉤・問號鉤　INAZUMA

33

34

單手就能簡單打開包口。

彈簧口金包

P.31 33・34

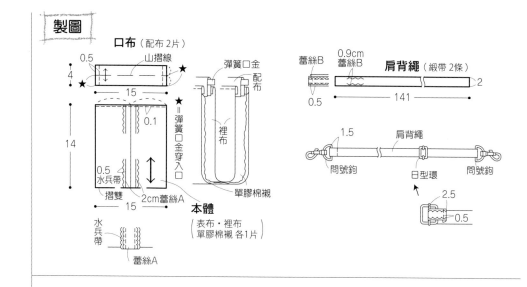

口布（配布 2片）

0.5 山摺線 ★
4 ★
15

14

0.1
0.5
水兵帶
摺雙 15
2cm蕾絲A

★ ＝彈簧口金穿入口

彈簧口金
配布
裡布
單膠棉襯

本體
（表布・裡布
單膠棉襯 各1片）

水兵帶
蕾絲A

蕾絲B
0.9cm 蕾絲B
肩背繩（緞帶 2條）
0.5 2
141

1.5 肩背繩
問號鉤 日型環 問號鉤
2.5 0.5

◈ 材料（1件）

- 表布（麻布・33花紋／34葉片紋）
  20cm寬 40cm
- 裡布（麻布・點點）20cm寬 40cm
- 配布（棉布・33格子／34點點）
  40cm寬 10cm
- 單膠棉襯 20cm寬 40cm
- 彈簧口金 13cm 附掛鉤
  （BK-1522／INAZUMA）1條
- 水兵帶 0.8cm寬 70cm
- 緞帶 2cm寬 2m90cm
- 日型環 2cm（AK-24-21／INAZUMA）1個
- 問號鉤 1cm（AK-19-10／INAZUMA）2個
- 蕾絲A／2cm寬 40cm
  蕾絲B／0.9cm寬 1m50cm

表布・裡布裁布圖

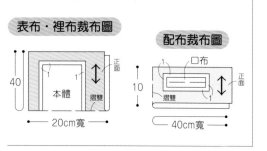

40
正面
本體
摺雙
20cm寬

配布裁布圖

口布
10
摺雙
1 1
40cm寬

作法

① 製作表本體。

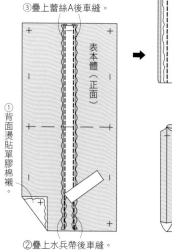

③疊上蕾絲A後車縫。
①背面燙貼單膠棉襯。
②疊上水兵帶後車縫。
表本體（正面）
表本體（背面）
②車縫。
①摺疊。
熨開縫份。
表本體（背面）

② 製作口布&假縫固定於表本體。

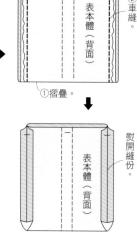

②車縫。
口布（背面）
①內摺縫份。
對摺。
口布（正面）
0.8
口布（正面）
②疊合口布後假縫固定。
①翻回正面。
口布
表本體（正面）

③ 製作裡本體&與表本體縫合。

②車縫。
裡本體（背面）
①摺疊。
預留8cm不縫（返口）
①熨開縫份。
裡本體（背面）
②將表本體放入裡本體中疊合。
③車縫。
表本體（背面）
③使縫份倒向本體側後車縫。
①翻回正面。
口布（正面）
裡袋布（正面）
②以藏針縫縫合返口。

④ 製作肩背繩。

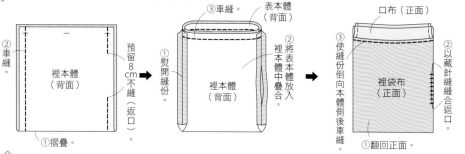

①疊合2條緞帶。
蕾絲B（正面）
②疊上蕾絲B後車縫。
⑤穿入
2.5
①內摺1cm。
③車縫。
②穿入日型環。
④穿入問號鉤。
①穿入問號鉤。
②內摺1cm。
③車縫。
肩背繩
日型環
問號鉤
2

⑤ 完成！

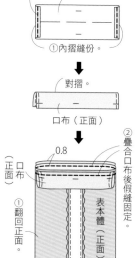

穿入彈簧口金&固定。

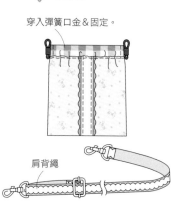

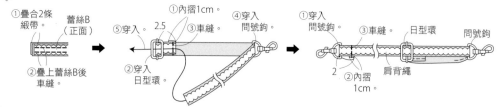

開始製作之前

製圖記號

完成線	引導線	摺雙上的裁剪記號	山摺線	鈕釦‧磁釦
——————	— — — — —	—— ‧ —— ‧ ——	— ‧ — ‧ — ‧ —	○

貼邊線	布紋記號（箭頭方向即為布紋方向）	等分線‧同尺寸的圖示	褶襇的摺疊方向（從斜線高處往低處摺疊布）	
— ‧ ‧ — ‧ ‧ —	←————→	⌒⌒		

製圖的讀法＆裁布圖

本書的製圖‧紙型皆不含縫份。縫份的尺寸標記於裁布圖上，請依指示加上縫份進行裁布。

◆作法頁的數字單位皆為cm。

★本書的材料，與實際的布寬無關，僅表示最小限度的使用量。

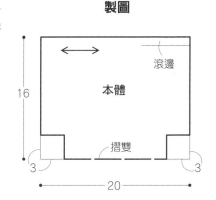

製圖

16　本體　滾邊　摺雙　3　20　3

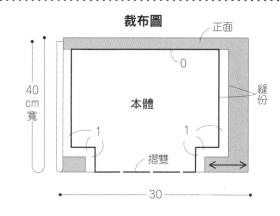

裁布圖

正面　40 cm 寬　0　縫份　本體　1　1　摺雙　30

原寸紙型的描圖法

原寸紙型需以鉛筆描繪在透明薄紙或描圖紙上。

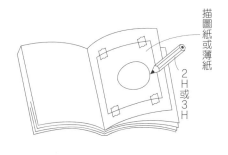

描圖紙或薄紙　2H或3H

拉鍊的挑選

拉鍊應配合作品來選擇種類＆長度。
沒有剛好的長度時，就選稍長的拉鍊。
選用平織布拉鍊時，可以車縫來固定長度。
若是塑鋼拉鍊或金屬拉鍊，則請購入的店家幫忙調節長度。

平織布拉鍊

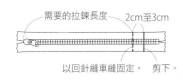

需要的拉鍊長度　2cm至3cm　以回針縫車縫固定。　剪下。

塑鋼或金屬拉鍊

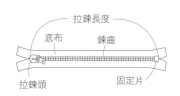

拉鍊長度　底布　鍊齒　拉鍊頭　固定片

布襯‧單膠棉襯的燙貼方法

＊布襯的燙貼方法

將布襯的接著面（塗有樹脂的一面。以手摸起來有點粗糙，或一照光線就會閃閃發亮的一面）與布料背面黏合。

以熨斗按壓熨燙。熨斗溫度約140℃，布襯上一定要放一層隔熱紙。

熨斗要以半重疊、毫無縫隙地按壓方式熨燙，而不是以滑動方式熨燙。

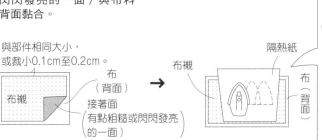

與部件相同大小，或裁小0.1cm至0.2cm。　布襯　布（背面）　接著面（有點粗糙或閃閃發亮的一面）　布襯

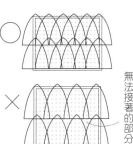

隔熱紙　布襯　布（背面）　無法接著的部分。

＊單膠棉襯的燙貼方法

基本上與布襯相同，但黏貼面（塗有樹脂的一面。以手摸起來有點粗糙，或一照光線就會閃閃發亮的一面）要朝上放置，再從上方疊放要黏貼的布料背面。

以熨斗整燙時，注意不要太用力按壓，以免壓壞了單膠棉襯。

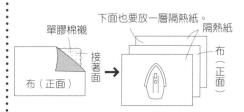

下面也要放一層隔熱紙。　單膠棉襯　接著面　隔熱紙　布（正面）　布（正面）

車縫的重點

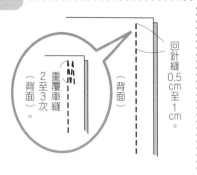

＊始縫處與止縫點

在始縫處&止縫點回針縫。回針縫意指在同一車縫針腳上重覆車縫2至3次。

＊轉角的縫法

若在轉角處跳1針車縫,翻回正面時,轉角就會縫得很漂亮。

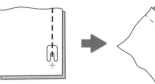

從眼前1針處直接刺入針後提起壓布腳,將布回轉。

將壓布腳下壓,斜縫1針。

直接刺入針後提起壓布腳,將布回轉。

三摺邊後車縫

布邊常用的車縫法。

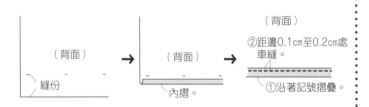

②距邊0.1cm至0.2cm處車縫。

①沿著記號摺疊。

內摺。

熨開縫份&縫份的倒向

將兩片布以車縫縫合時,縫份會有朝左右熨開&倒向一側的兩種情形。

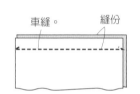

車縫。 縫份。

熨開。

從針腳以熨斗熨開。

倒向單側。

以熨斗將兩片布從針腳一起倒向一側。

有高低落差處的縫法

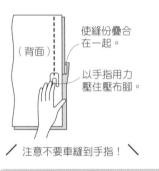

使縫份疊合在一起。

以手指用力壓住壓布腳。

注意不要車縫到手指!

壓布腳的左右會有落差。

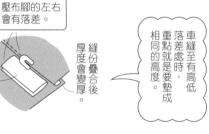

將明信片或厚紙板摺疊後墊成相同的高度。

縫份疊合後厚度會變厚。

車縫至有高低落差處時,重點就是要墊成相同的高度。

車縫皮革或防水布時

・以珠針固定會留下針孔,因此改以夾子或雙面膠固定。

・皮革&防水布很難往前滑動,因此要以鐵弗龍壓布腳來代替一般壓布腳。

・車縫皮革時,車縫針也要改用皮革專用車縫針(14號)。

基本的手縫法

＊平針縫

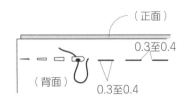

(正面)

0.3至0.4

(背面)

0.3至0.4

＊細平針縫(細縫)

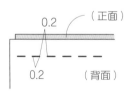

0.2 (正面)

0.2 (背面)

＊疏縫(粗縫)

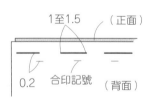

1至1.5 (正面)

0.2 合印記號 (背面)

＊回針縫

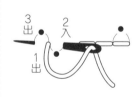

3出 2入

1出

＊藏針縫

2入

3出 1出

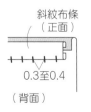

斜紋布條(正面)

0.3至0.4

(背面)

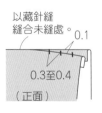

以藏針縫縫合未縫處。 0.1

0.3至0.4

(正面)

＊不露出線的藏針縫(綴縫)

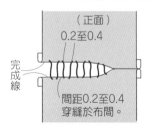

(正面)

0.2至0.4

完成線

間距0.2至0.4穿縫於布間。

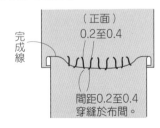

(正面)

0.2至0.4

完成線

間距0.2至0.4穿縫於布間。

❖ 材料
- A布（防水布・花紋）50cm寬 20cm
- B布（11號帆布）20cm寬 80cm
- 皮革 5cm×5cm
- 拉鍊 21cm×1條
- 粗0.6cm的繩子 1m50cm

製圖

A布裁布圖

B布裁布圖

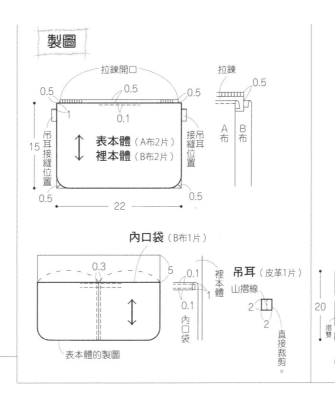

拉鍊開口
0.5　0.1　0.5
1　0.5
表本體（A布2片）
裡本體（B布2片）
15
吊耳接縫位置
接縫位置
0.5　0.5
22
拉鍊
0.5
A布　B布

20
表本體
正面
摺雙
50cm寬

內口袋（B布1片）
0.3
5　0.1
裡本體
0.1
內口袋
表本體的製圖

吊耳（皮革1片）
山摺線
2
直接裁剪。

20
裡本體　內口袋
正面（↕）
摺雙
80cm寬

作法

① 製作＆接縫口袋。

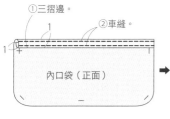
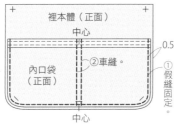

①三摺邊。
②車縫。
1
內口袋（正面）

裡本體（正面）
中心
②車縫。
0.5
①假縫固定。
內口袋（正面）
中心

② 縫合裡本體。

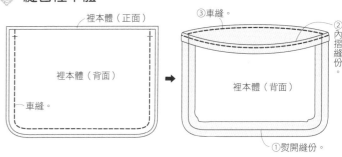

裡本體（正面）
裡本體（背面）
車縫。

③車縫。
②內摺縫份。
裡本體（背面）
①熨開縫份。

③ 縫合表本體。

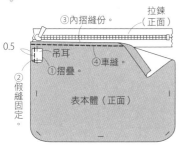
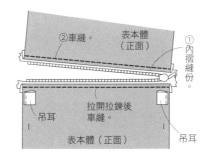
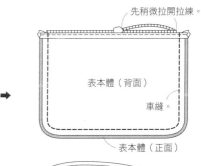

③內摺縫份。
拉鍊（正面）
0.5
吊耳
①摺疊。
④車縫。
②假縫固定。
表本體（正面）

②車縫。
表本體（正面）
①內摺縫份。
拉開拉鍊後車縫。
吊耳
吊耳
表本體（正面）

先稍微拉開拉鍊。
表本體（背面）
車縫。
②內摺縫份。
表本體（正面）

④ 縫合表本體＆裡本體。

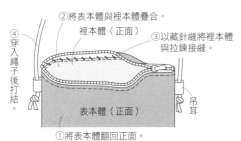

②將表本體與裡本體疊合。
裡本體（正面）
③以藏針縫將裡本體與拉鍊接縫。
④穿入繩子後打結。
表本體（正面）
吊耳
①將表本體翻回正面。

⑤ 完成！

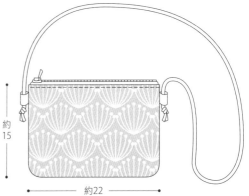

約15
約22

++++++++++++

◈ **材料**

・表布（棉布・粗條紋）30cm寬 30cm
・裡布（棉布・素色）50cm寬 30cm
・布襯（厚）30cm寬 30cm
・拉鍊 19cm×1條
・四合釦 直徑1.2cm×1組
・D型環 1.1mm（AK-6-14／INAZUMA）2個
・提把（HS-1100S#7駝色／INAZUMA）1條

表布裁布圖

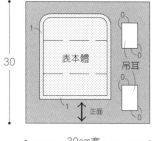

裡布裁布圖

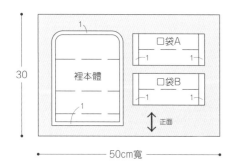

製圖

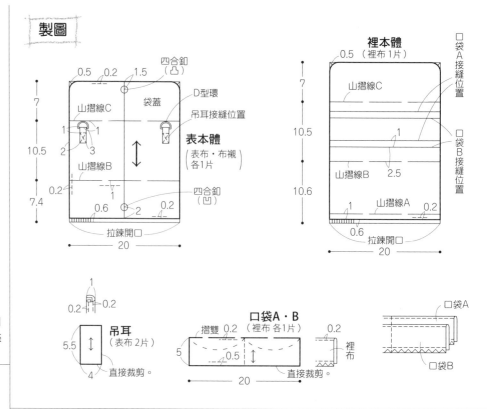

作法 ※參見裁布圖在指定位置上燙貼布襯後，再開始車縫。

◇ **1 製作＆接縫口袋。**

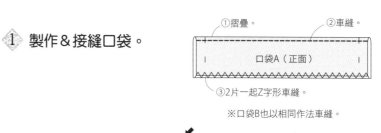

※口袋B也以相同作法車縫。

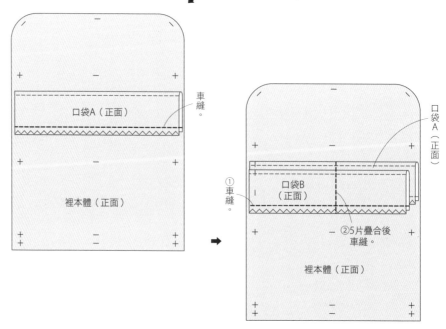

◇2 製作＆接縫吊耳。

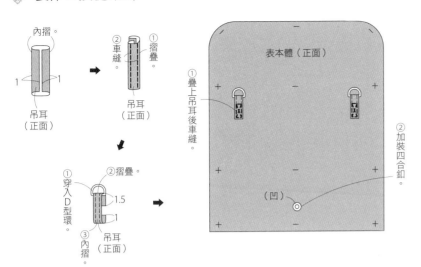

內摺。

①摺疊。

②車縫。

吊耳（正面）

吊耳（正面）

①穿入D型環。

②摺疊。

③內摺。

1.5

1

吊耳（正面）

1

1

①疊上吊耳後車縫。

表本體（正面）

②加裝四合釦。

（凹）

◇3 縫上拉鍊。

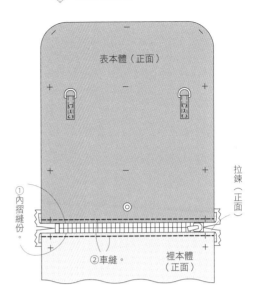

表本體（正面）

①內摺縫份。

②車縫。

裡本體（正面）

拉鍊（正面）

4 縫合表本體＆裡本體。

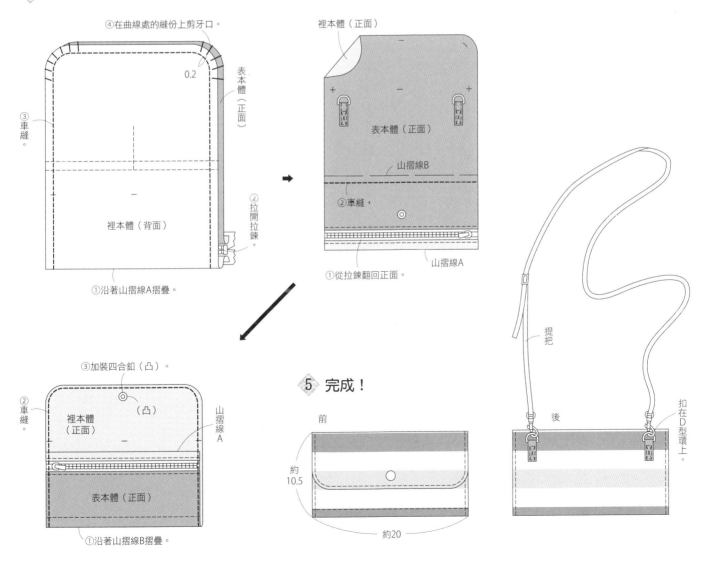

④在曲線處的縫份上剪牙口。

0.2

表本體（正面）

③車縫。

裡本體（背面）

②拉開拉鍊。

①沿著山摺線A摺疊。

裡本體（正面）

表本體（正面）

山摺線B

②車縫。

①從拉鍊翻回正面。

山摺線A

③加裝四合釦（凸）。

（凸）

②車縫。

裡本體（正面）

山摺線A

表本體（正面）

①沿著山摺線B摺疊。

◇5 完成！

前

約10.5

約20

提把

後

扣在D型環上。

P.4 4

✦✦✦✦✦✦✦✦✦✦✦✦✦

❀ 材料

- A布（棉布・點點）60cm寬 20cm
- B布（棉布・素色）50cm寬 30cm
- C布（棉布・素色）50cm寬 30cm
- 布襯 20cm寬 10cm
- 粗0.2cm的繩子 1m
- D型環 1.7cm×2個
- 提把（YAT-2612#11黑色
  ／INAZUMA）1條

★表袋底・裡袋底原寸紙型參見P.39。

製圖

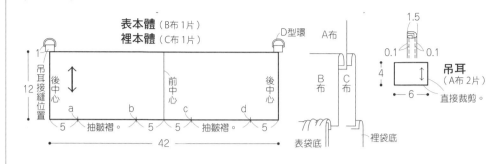

表本體（B布1片）
裡本體（C布1片）
D型環
A布
B布 C布

吊耳接縫位置
後中心
前中心
後中心

12

a b c d
5 抽皺褶。 5 5 抽皺褶。 5
42

表袋底
裡袋底

1.5
0.1 0.1
4
6
吊耳（A布2片）
直接裁剪。

口布（A布2片）　★＝穿繩口
★穿入2條長46cm的繩子。

1.5 1.2 1.5
10 止縫點 0.7 0.7 止縫點
21

繩子
A布 A布

表袋底（B布・布襯1片）
裡袋底（C布1片）

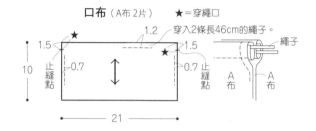

a d
b c

A布裁布圖

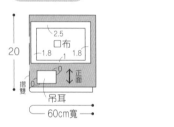

□＝燙貼布襯的位置

20
2.5
□布
1.8 1.8
正面
吊耳
60cm寬

B布・C布裁布圖

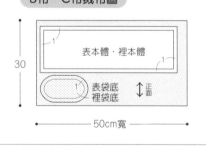

30
表本體・裡本體
1 1
表袋底
裡袋底 正面
50cm寬

作法

※參見裁布圖在指定位置上燙貼布襯後，再開始車縫。

1 車縫口布。

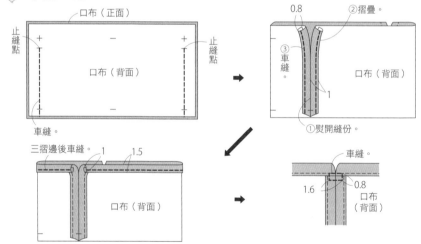

口布（正面）
止縫點 止縫點
口布（背面）
車縫。

0.8 ②摺疊。
③車縫。 口布（背面）
①熨開縫份。 1

三摺邊後車縫 1 1.5
口布（背面）

車縫。
1.6 0.8
口布（背面）

3 製作吊耳。

內摺
1.5 1.5
吊耳（正面）

②車縫。
①摺疊。
吊耳（正面）

①穿入D型環。
②摺疊。
0.5
③假縫固定。

2 縫合表本體＆裡本體。

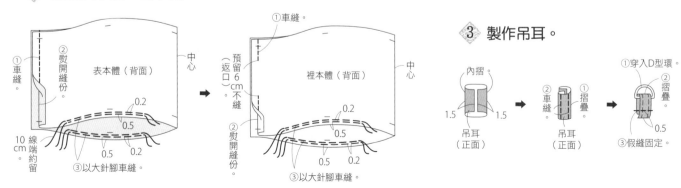

①車縫。
②熨開縫份。
表本體（背面）
中心
0.2
0.5
0.5 0.2
10cm 線端約留
③以大針腳車縫。

①車縫。
預留6cm（返口）不縫。
裡本體（背面）
中心
0.2
0.5
②熨開縫份。
0.5 0.2
③以大針腳車縫。

38

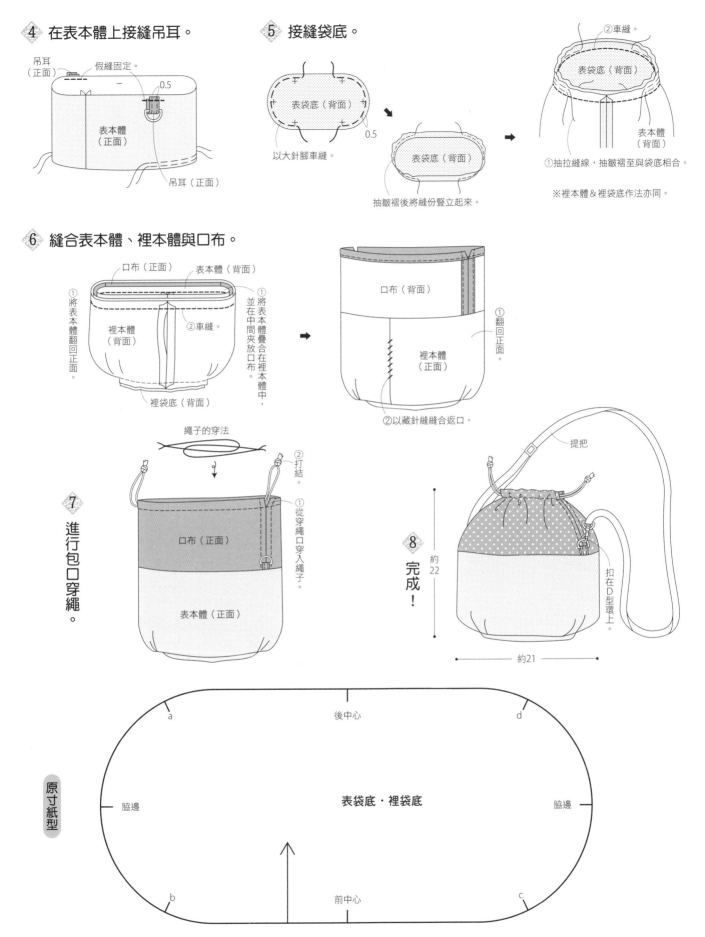

4 在表本體上接縫吊耳。

吊耳
（正面）
假縫固定。
0.5
表本體
（正面）
吊耳（正面）

5 接縫袋底。

②車縫。
表袋底（背面）
以大針腳車縫。
0.5
表袋底（背面）
抽皺褶後將縫份豎立起來。

表袋底（背面）
表本體
（背面）
①抽拉縫線，抽皺褶至與袋底相合。
※裡本體&裡袋底作法亦同。

6 縫合表本體、裡本體與口布。

口布（正面）
表本體（背面）
①將表本體翻回正面。
②車縫。
裡本體
（背面）
①將表本體疊合在裡本體中，並在中間夾放口布。
裡袋底（背面）

口布（背面）
裡本體
（正面）
①翻回正面。
②以藏針縫縫合返口。

7 進行包口穿繩。

繩子的穿法
②打結。
①從穿繩口穿入繩子。
口布（正面）
表本體（正面）

8 完成！

提把
約22
約21
扣在D型環上。

原寸紙型

a
後中心
d
脇邊
表袋底・裡袋底
脇邊
b
前中心
c

39

❖ 材料
・A布（5棉布・條紋／6棉布・素色）
　60cm寬 20cm
・B布（5棉布・格子／6麻布・直條紋）
　30cm寬 40cm
・C布（棉布・素色）50cm寬 20cm
・D布（棉布・素色）10cm寬 10cm
・粗0.2cm的繩子 1m10cm
・D型環 1.1cm×2個
・提把（5・YAT-1417#11黑／
　　　　6・YAT-2612#305橄欖綠／
　　　　INAZUMA）1條

製圖

☆＝穿繩口

口布
（A布 2片）

穿入2條54cm
的繩子。

A布
繩子

吊耳
（D布 2片）
直接裁剪。

表本體
（B布 1片）

接縫吊耳的位置

D型環

B布　C布

裡本體
（C布 1片）

脇邊　脇邊

摺雙
底部

A布裁布圖

摺雙　2.5
口布
60cm寬

B布裁布圖

表本體
30cm寬

C布裁布圖

裡本體
50cm寬

D布裁布圖

摺雙　吊耳
正面
10cm寬

作法

1 製作吊耳。

內摺。
吊耳（正面）
②車縫。
吊耳（正面）
①摺疊
①穿過D型環。
②摺疊
③假縫固定。

2 車縫口布。

口布（正面）
止縫點
口布（背面）
車縫。

①熨開縫份。
②摺疊。
③車縫。
口布（背面）

三摺邊後車縫。
口布（背面）

車縫
口布（背面）

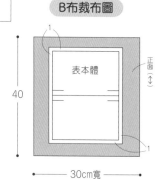
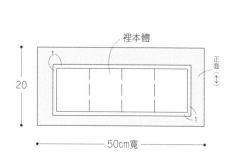
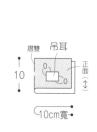

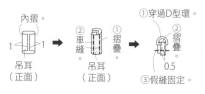
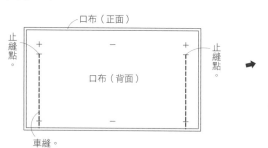
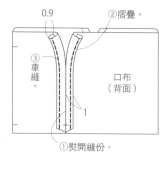
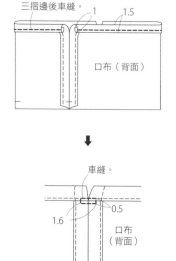

③ 製作表本體。

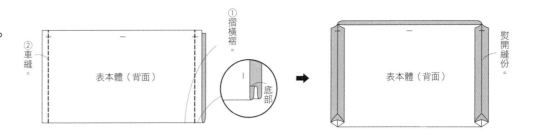

① 摺橫褶。
② 車縫。
表本體（背面）
底部
熨開縫份。
表本體（背面）

④ 將吊耳&口布車縫固定在表本體上。

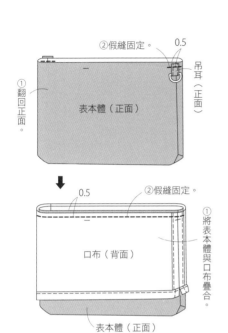

② 假縫固定。
0.5
吊耳（正面）
① 翻回正面。
表本體（正面）

0.5
② 假縫固定。
口布（背面）
① 將表本體與口布疊合。
表本體（正面）

⑤ 製作裡本體。

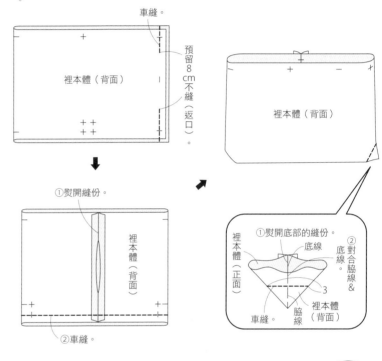

車縫。
裡本體（背面）
預留8cm不縫（返口）。

① 熨開縫份。
裡本體（背面）
② 車縫。

裡本體（背面）

① 熨開底部的縫份。
裡本體（正面）
底線
底部
② 對合脇線&底線
3
車縫。
裡本體（背面）
脇線

⑥ 縫合表本體&裡本體。

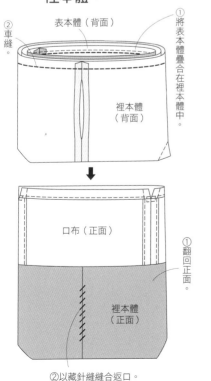

② 車縫。
表本體（背面）
① 將表本體疊合在裡本體中。
裡本體（背面）

口布（正面）
① 翻回正面。
裡本體（正面）
② 以藏針縫縫合返口。

⑦ 進行包口穿繩。

繩子的穿法

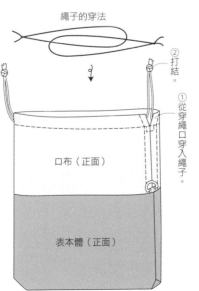

② 打結。
① 從穿繩口穿入繩子。
口布（正面）
表本體（正面）

⑧ 完成！

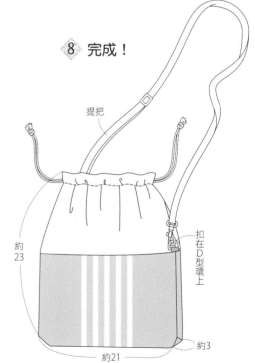

提把
約23
約21
約3
扣在D型環上

++++++++++++

◇ **材料**

- A布（棉布・條紋）30cm寬 40cm
- B布（棉布・花紋）30cm寬 40cm
- C布（棉布・素色）100cm寬 30cm
- 單膠棉襯 60cm寬 40cm
- 口金A（高約9.5cm 寬幅約16cm BK-1673AG／INAZUMA）1個
- 口金B（高約10cm 寬幅約18.5cm BK-1873AG／INAZUMA）1個
- 提把（BS-1502A#25深咖啡色／ INAZUMA）1條

製圖　★原寸紙型參見P.45。

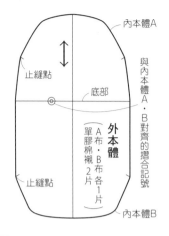

與內本體A・B對齊的摺合記號

外本體
（A布・B布各1片
單膠棉襯2片）

止縫點

底部

內本體A

內本體B

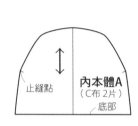

內本體A
（C布 2片）

止縫點

底部

內本體B
（C布 2片）

止縫點

底部

A・B布裁布圖

外本體

正面

40

30cm寬

C布裁布圖

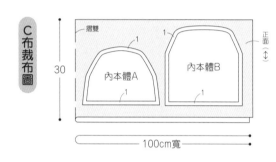

摺雙

內本體A

內本體B

正面

30

100cm寬

作法

① 車縫內本體A・B。

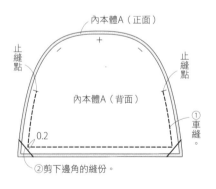

內本體A（正面）

止縫點　　　　　　止縫點

內本體A（背面）

①車縫。

0.2

②剪下邊角的縫份。

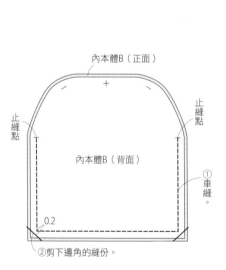

內本體B（正面）

止縫點　　　　　止縫點

內本體B（背面）

①車縫。

0.2

②剪下邊角的縫份。

② 車縫外本體。

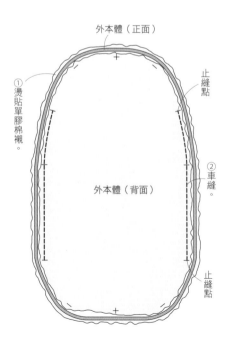

外本體（正面）

止縫點

①燙貼單膠棉襯。

外本體（背面）

②車縫。

止縫點

3 縫合內本體＆外本體。

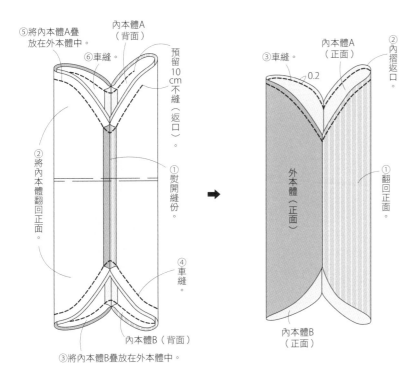

⑤將內本體A疊放在外本體中。

內本體A（背面）

內本體A（正面）

③車縫。
0.2

②內摺返口。

⑥車縫。

②將內本體翻回正面。

預留10cm不縫（返口）。

①熨開縫份。

①翻回正面。

外本體（正面）

④車縫。

內本體B（背面）

內本體B（正面）

③將內本體B疊放在外本體中。

4 車縫底線。

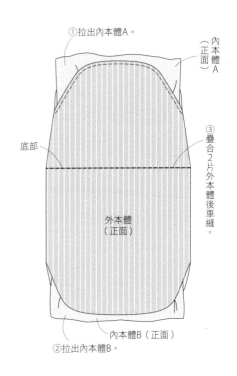

①拉出內本體A。

內本體A（正面）

底部

外本體（正面）

③疊合2片外本體後車縫。

②拉出內本體B。

內本體B（正面）

5 摺疊底線＆加裝口金。

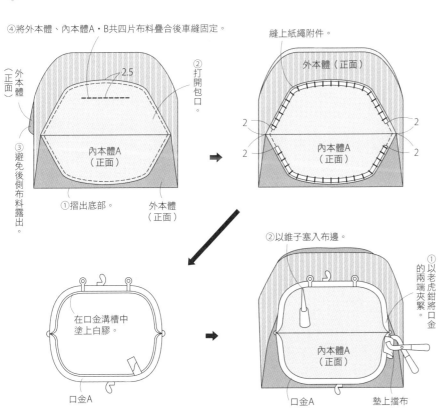

④將外本體、內本體A・B共四片布料疊合後車縫固定。

外本體（正面）

2.5

②打開包口。

內本體A（正面）

外本體（正面）

避免後側布料露出。

①摺出底部。

外本體（正面）

縫上紙繩附件。

外本體（正面）

2　2

2　2

內本體A（正面）

②以錐子塞入布邊。

①以老虎鉗將口金的兩端夾緊。

內本體A（正面）

口金A　墊上擋布

在口金溝槽中塗上白膠。

口金A

※內本體B側也以相同作法加裝口金B。

6 完成！

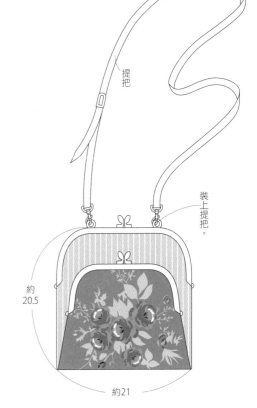

提把

裝上提把。

約20.5

約21

+ + + + + + + + + + + + +

❖ 材料

・表布（棉布・花紋）60cm寬 30cm
・裡布（棉布・素色）70cm寬 30cm
・單膠棉襯 60cm寬 30cm
・口金A（高約10.5cm 寬幅約18cm
　BK-1875AG#21玳瑁色／INAZUMA）1個
・提把（BS-1202A#4淺駝色／
　INAZUMA）1條

製圖　★本體的原寸紙型參見P.45。

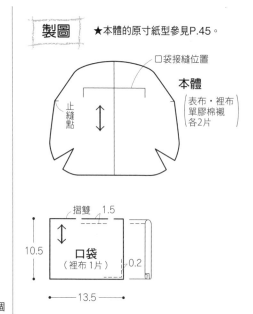

□袋接縫位置

本體

表布・裡布
單膠棉襯
各2片

止縫點

口袋（裡布1片）

摺雙 1.5
10.5
0.2
13.5

表布裁布圖

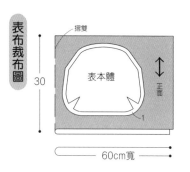

摺雙
30
表本體
正面
1
60cm寬

裡布裁布圖

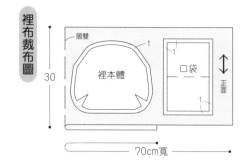

摺雙
30
裡本體
□袋
正面
1
1
70cm寬

作法

1　製作＆接縫口袋。

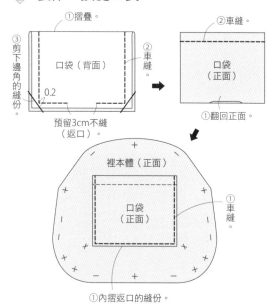

①摺疊。
②車縫。
③剪下邊角的縫份。
口袋（背面）
②車縫
0.2
預留3cm不縫（返口）。
②車縫。
口袋（正面）
①翻回正面。

裡本體（正面）
口袋（正面）
①車縫。
①內摺返口的縫份。

2　車縫本體的褶襉＆縫合本體。

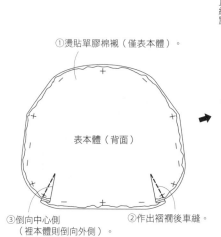

①燙貼單膠棉襯（僅表本體）。
表本體（背面）
③倒向中心側（裡本體則倒向外側）。
②作出褶襉後車縫。

表本體（正面）
止縫點
止縫點
①車縫。
②剪牙口。

※裡本體作法亦同。

4　完成！

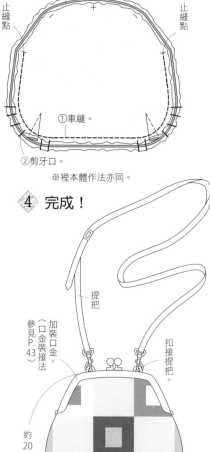

提把
加裝口金（口金裝接法參見P.43）
扣接提把。
約20
約22

3　縫合表本體＆裡本體。

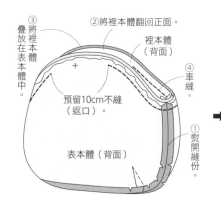

③將裡本體疊放在表本體中。
②將裡本體翻回正面。
裡本體（背面）
④車縫。
預留10cm不縫（返口）。
①熨開縫份。
表本體（背面）

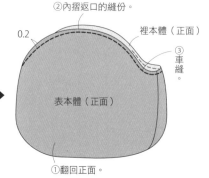

②內摺返口的縫份。
0.2
裡本體（正面）
③車縫。
表本體（正面）
①翻回正面。

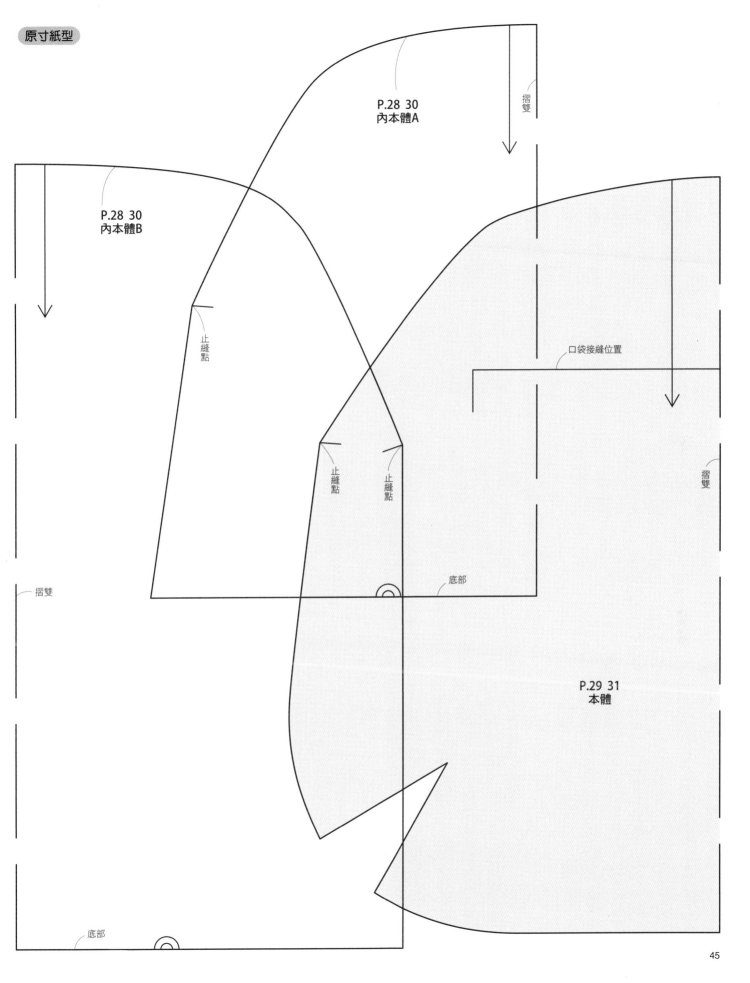

P.28 30
內本體A

摺雙

P.28 30
內本體B

止縫點

口袋接縫位置

摺雙

止縫點

止縫點

摺雙

底部

P.29 31
本體

摺雙

底部

❖ 材料
・A布（棉布・點點）30cm寬 30cm
・B布（棉布・素色）40cm寬 20cm
・C布（棉布・素色）30cm寬 30cm
・D布（棉布・素色）10cm寬 10cm
・單膠棉襯 30cm寬 30cm
・皮革 1.5cm×5.5cm
・磁釦 1.8cm 1組
・D型環 1.1cm×2個
・提把（YAT-2612#11黑／INAZUMA）1條

製圖　★袋蓋原寸紙型參見P.25。

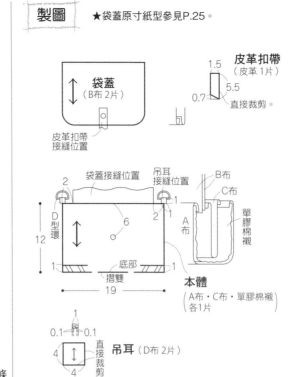

袋蓋
（B布 2片）

皮革扣帶接縫位置

皮革扣帶
（皮革 1片）
直接裁剪。
1.5
0.7
5.5

本體
（A布・C布・單膠棉襯）
各1片

吊耳（D布 2片）
直接裁剪

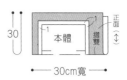
A布・C布裁布圖
30
30cm寬
本體
正面
摺雙
1

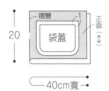
B布裁布圖
20
40cm寬
摺雙
袋蓋
正面

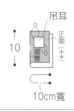
D布裁布圖
10
10cm寬
吊耳
正面
摺雙

作法

① 製作表本體。

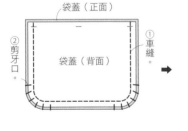

② 製作吊耳。

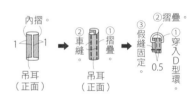

③ 製作袋蓋。

④ 車縫固定袋蓋＆吊耳。

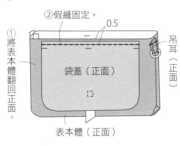

⑤ 製作裡本體，並與表本體縫合。

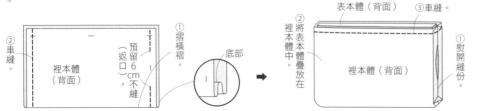

⑥ 完成！

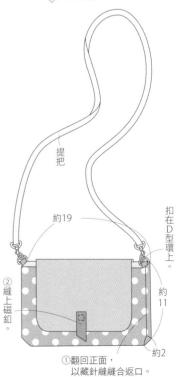

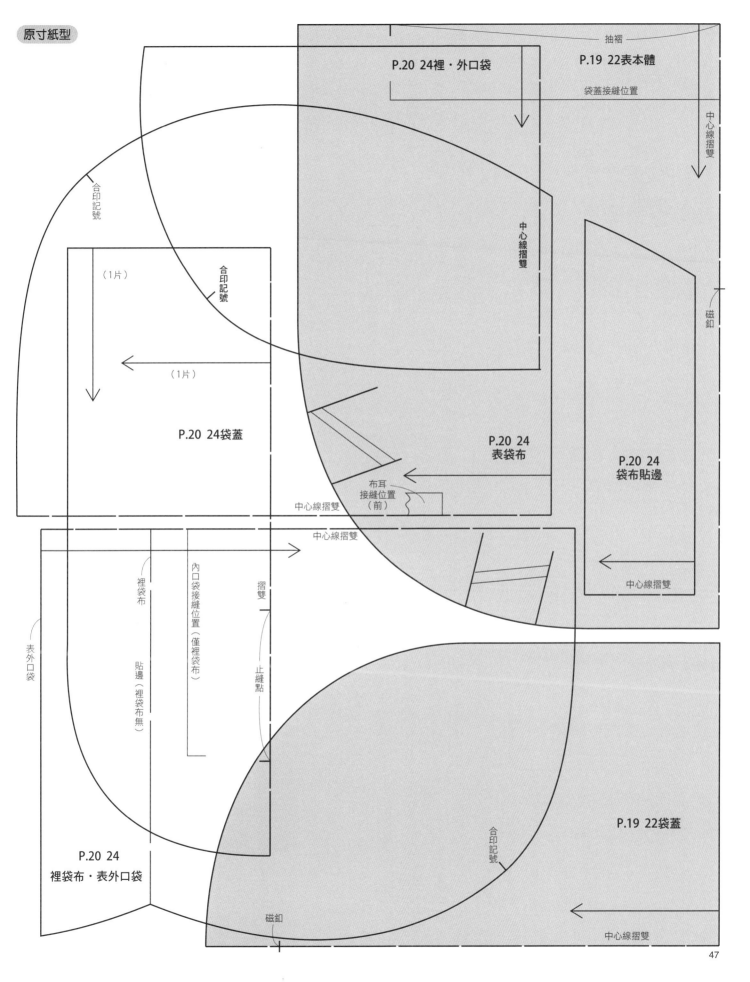

P.20 24裡・外口袋

P.19 22表本體

抽褶

袋蓋接縫位置

中心線摺雙

合印記號

合印記號

（1片）

中心線摺雙

磁釦

（1片）

P.20 24袋蓋

P.20 24
表袋布

P.20 24
袋布貼邊

布耳
接縫位置
（前）

中心線摺雙

中心線摺雙

中心線摺雙

內口袋接縫位置（僅裡袋布）

裡袋布

貼邊（裡袋布無）

摺雙

止縫點

表外口袋

合印記號

P.20 24
裡袋布・表外口袋

P.19 22袋蓋

磁釦

中心線摺雙

P.3 2・3

❖ 材料（1件）
・A布（麻布・素色）50cm寬 30cm
・B布（麻布・素色）30cm寬 30cm
・C布（11號帆布）70cm寬 30cm
・皮革 5cm×5cm
・拉鍊 17cm×2條
・粗0.5cm的繩子 1m40cm

製圖

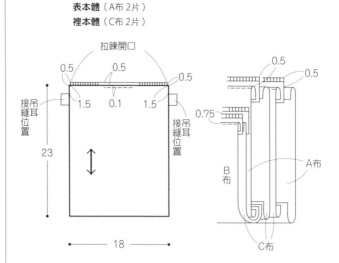

表本體（A布 2片）
裡本體（C布 2片）

拉鍊開口
0.5　　0.5　　　0.5
1.5　　0.1　　1.5

接縫吊耳位置　　　接縫吊耳位置

23

18

0.5
0.5
0.75
B布　　A布
C布

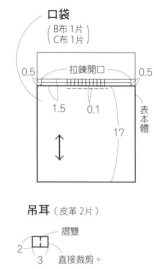

口袋
B布 1片
C布 1片
0.5　　　　0.5
拉鍊開口
1.5　　0.1
表本體
17

吊耳（皮革 2片）
摺雙
2
3　　直接裁剪。

A布裁布圖
30
表本體
正面
摺雙
1
1
50cm寬

B布裁布圖
30
0.5
表口袋
正面
30cm寬

C布裁布圖
正面
0.5
裡本體　裡本體　裡口袋
1
70cm寬

作法

① 製作口袋。

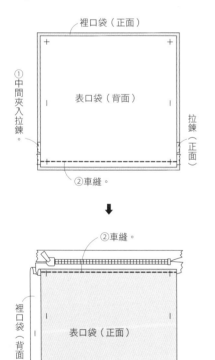

裡口袋（正面）
① 中間夾入拉鍊。
表口袋（背面）
拉鍊（正面）
② 車縫。

↓

② 車縫。
裡口袋（背面）
表口袋（正面）
① 翻回正面。

② 將口袋接縫在表本體上。

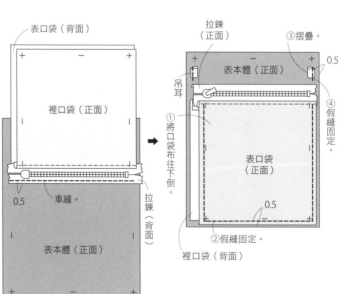

表口袋（背面）
裡口袋（正面）
0.5　　車縫。
拉鍊（背面）
表本體（正面）

→

拉鍊（正面）
③ 摺疊。
表本體（正面）
0.5
吊耳
① 將口袋布往下倒。
④ 假縫固定。
表口袋（正面）
② 假縫固定。
裡口袋（背面）

③ 將拉鍊接縫在表本體上。

拉鍊（正面）
① 內摺縫份。
② 車縫。
表口袋（正面）
0.5
表本體（正面）

48

④ 將拉鍊接縫於對側。

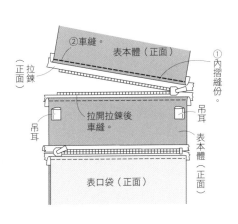

②車縫。

表本體（正面）

（正面）拉鍊

①內摺縫份。

拉開拉鍊後車縫。

吊耳

吊耳

表本體（正面）

表口袋（正面）

⑤ 縫製裡本體。

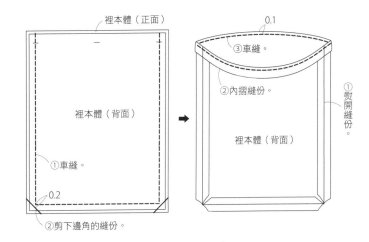

裡本體（正面）

0.1

③車縫。

裡本體（背面）

②內摺縫份。

裡本體（背面）

①熨開縫份。

①車縫。

0.2

②剪下邊角的縫份。

⑥ 縫合表本體。

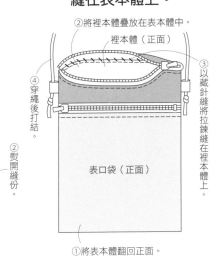

稍微拉開拉鍊。

表本體（背面）

①車縫。

②熨開縫份。

表本體（正面）

⑦ 以藏針縫將裡本體
縫在表本體上。

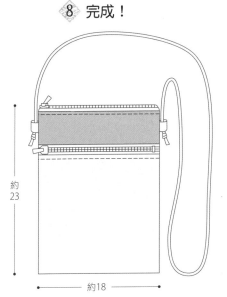

②將裡本體疊放在表本體中。

裡本體（正面）

④穿繩後打結。

③以藏針縫將拉鍊縫在裡本體上。

表口袋（正面）

①將表本體翻回正面。

⑧ 完成！

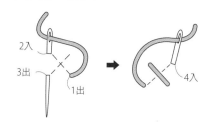

約23

約18

十字繡の繡法

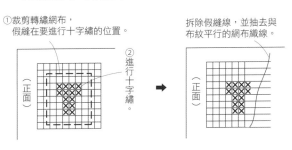

2入

3出

1出

4入

轉繡網布の用法

①裁剪轉繡網布，
假縫在要進行十字繡的位置。

拆除假縫線，並抽去與布紋平行的網布織線。

（正面）

②進行十字繡。

（正面）

P.19　22圖樣

※取2股25號刺繡線進行十字繡。

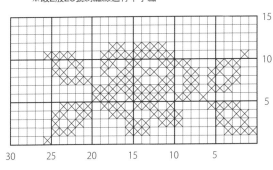

15

10

5

30　25　20　15　10　5

49

P.16 **18**

❖ **材料**

- 表布（11號帆布）70cm寬 40cm
- 裡布（11號帆布）90cm寬 40cm
- 拉鍊 30cm×1條
- 寬2.5cm的布條 1m50cm
- 方型環 2.7cm×1個
- 日型環 2.7cm×1個
- 0.3cm寬的皮革繩 20cm

製圖

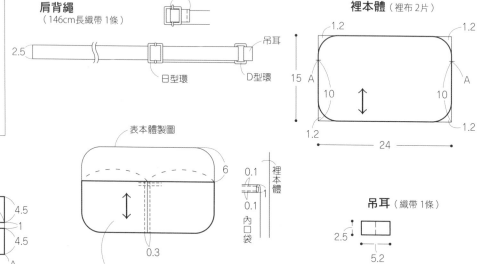

袋底側幅（表布・裡布 各1片）

0.2　0.2
方型環
10
1.3
A　A　41
吊耳
接縫位置
肩背繩
接縫位置

肩背繩
（146cm長織帶 1條）
2.5
2.5
日型環　D型環　吊耳

表本體（表布 2片）
裡本體（裡布 2片）
1.2　1.2
15　A　A
10　10
1.2　1.2
24

拉鍊側幅（表布・裡布 各2片）

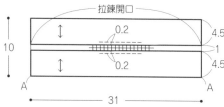

拉鍊開口
0.2
10　4.5
1
0.2　4.5
A　A
31

表本體製圖

6
0.1 裡本體
1
0.1 內口袋
0.3

內口袋（B布 1片）

吊耳（織帶 1條）
2.5
5.2

表布裁布圖

表本體　表拉鍊側幅　正面
表袋底側幅（1片）
40
摺雙
70cm寬

裡布裁布圖

裡本體　裡拉鍊側幅
裡拉鍊側幅　內口袋
40
裡本體　裡袋底側幅　正面
90cm寬

作法　※車縫11號帆布時，請將車縫針換成14號車縫針。

① **製作內口袋。**

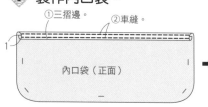

①三摺邊。　②車縫。
1
內口袋（正面）

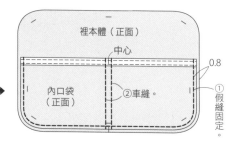

裡本體（正面）
中心
0.8
內口袋（正面）　②車縫。
①假縫固定。

② **製作肩背繩。**

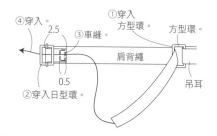

④穿入。　①穿入方型環。　方型環
2.5　③車縫。
肩背繩
0.5　吊耳
②穿入日型環。

50

③ 縫製裡本體。

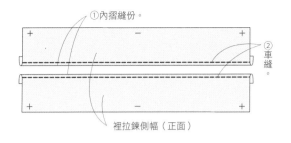

①內摺縫份。
②車縫。
裡拉鍊側幅（正面）

↓

①內摺縫份。 間距1cm。 裡拉鍊側幅（正面） ②車縫。

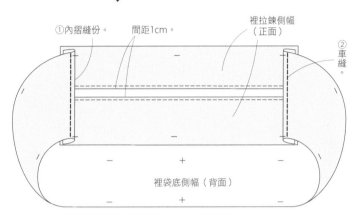

裡袋底側幅（背面）

↓

裡拉鍊側幅（背面）
車縫。
裡本體（背面）
裡袋底側幅（背面）

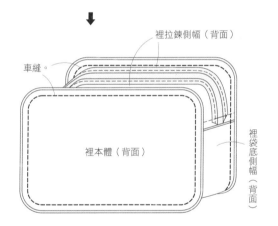

⑤ 將裡本體以藏針縫
縫在表本體上。

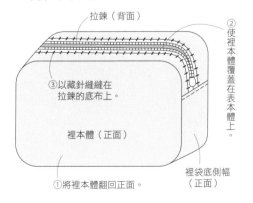

拉鍊（背面）
②使裡本體覆蓋在表本體上。
③以藏針縫縫在拉鍊的底布上。
裡本體（正面）
①將裡本體翻回正面。
裡袋底側幅（正面）

④ 縫製表本體。

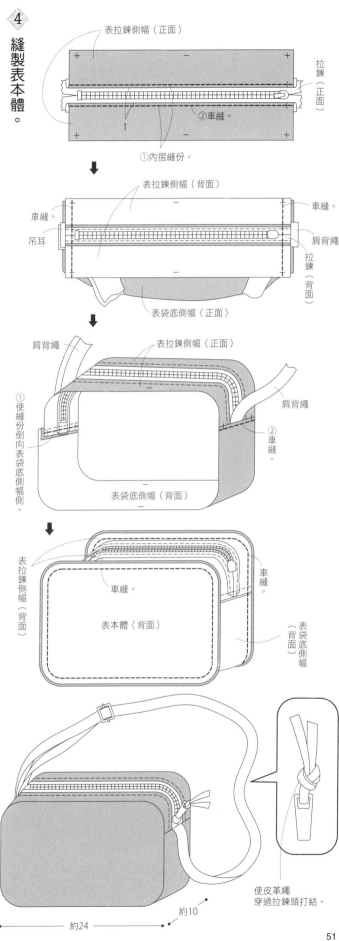

表拉鍊側幅（正面）
拉鍊（正面）
②車縫。
1
①內摺縫份。

↓

表拉鍊側幅（背面）
車縫。
車縫。
吊耳
肩背繩
拉鍊（背面）
表袋底側幅（正面）

↓

肩背繩
表拉鍊側幅（正面）
肩背繩
①使縫份倒向表袋底側幅側。
②車縫。
表袋底側幅（背面）

↓

表拉鍊側幅（背面）
車縫。
車縫。
表本體（背面）
表袋底側幅（背面）

⑥ 完成！

約15
約24
約10
使皮革繩穿過拉鍊頭打結。

51

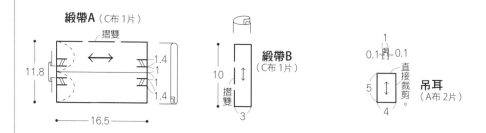

緞帶A（C布1片）

摺雙

11.8

16.5

1.4
1
1.4

緞帶B
（C布1片）

10
摺雙
3

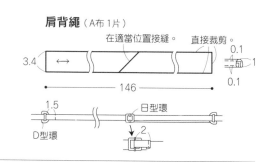

吊耳
（A布2片）

0.1 1 0.1

直接裁剪。

5

4

◈ 材料

・A布（麻布・素色）30cm寬 80cm
・B布（棉布・點點）20cm寬 30cm
・C布（棉布・27格子／28條紋）
　30cm寬 20cm
・布襯 20cm寬 30cm
・拉鍊 14cm×1條
・D型環 1.2cm×2個
・日型環 1cm（AK-24-11／INAZUMA）1個

吊耳
接縫位置

拉鍊開口

D型環

0.5

1

0.5

本體
（A布・B布
布襯 各1片）

9

15

摺雙

0.7 拉鍊

A
布

B布

肩背繩（A布1片）

3.4

在適當位置接縫。

直接裁剪。

0.1
1
0.1

146

1.5

D型環

日型環

2

A布裁布圖

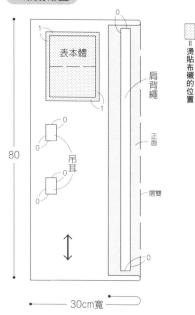

0

1

表本體

肩背繩

正面

1

0

0

吊耳

80

摺雙

0

1

30cm寬

＝燙貼布襯的位置

作法　※參見裁布圖，將布襯燙貼於指定位置後再開始車縫。

◇1 製作緞帶。

①摺疊。

緞帶A（背面）

②車縫。

緞帶A（正面）

翻回正面。

◇2 製作吊耳。

內摺。

0.7　0.7

吊耳
（正面）

②車縫。

①摺疊。

吊耳
（正面）

①穿入
D型環。

②摺疊。

吊耳
（正面）

③假縫固定。

0.5

◇3 將緞帶A＆吊耳車縫固定在表本體上。

①摺橫褶

緞帶A
（正面）

0.8

②假縫固定。

表本體（正面）

③假縫固定。

吊耳（正面）

0.8

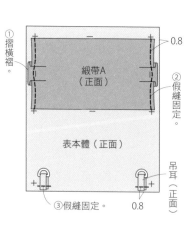

◇4 製作緞帶B。

①摺疊。

緞帶B
（背面）

②車縫。

緞帶B（正面）

翻回正面。

C布裁布圖

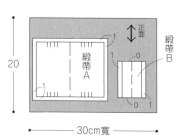

20

緞帶A

正面

0

1

緞帶B

0

1

30cm寬

B布裁布圖

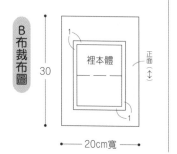

30

1

裡本體

正面

20cm寬

5 縫合表本體＆裡本體，再縫上拉鍊。

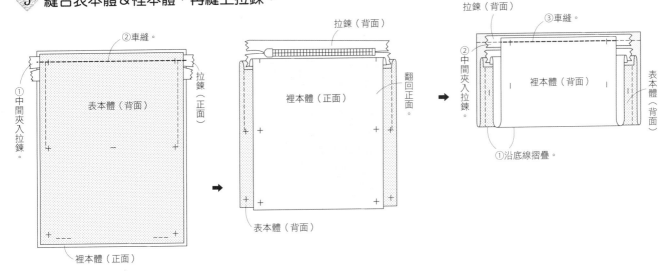

6 車縫脇線，並翻回正面。

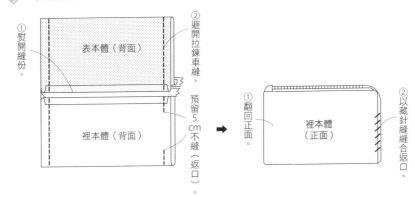

7 接縫緞帶B。

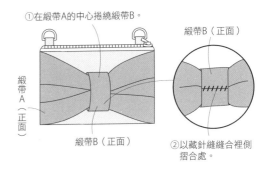

8 製作＆裝接肩背繩。

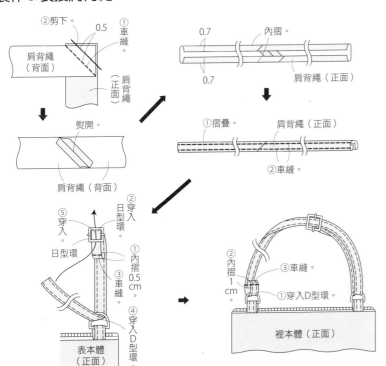

9 完成！

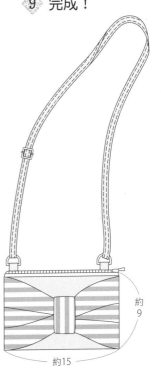

P.l8 21

✦✦✦✦✦✦✦✦✦✦✦✦✦✦

◈ 材料

- A布（麻布・素色）60cm寬 20cm
- B布（棉布・格子）70cm寬 20cm
- C布（麻布・花紋）20cm寬 20cm
- 單膠棉襯 60cm寬 20cm
- 蕾絲 1.6cm寬 30cm
- 拉鍊 21cm×1條・D型環 1.2cm×2個
- 提把（YAS-1014A#870深咖啡色／
  INAZUMA）1條

作法

1 **製作吊耳。**

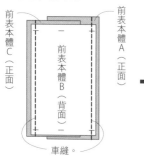

2 **縫合表袋布。**

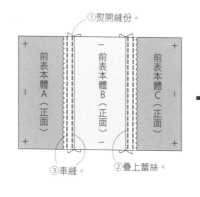

3 **縫上拉鍊。**

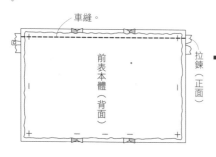

製圖　★表袋底・裡袋底原寸紙型參見P.55。

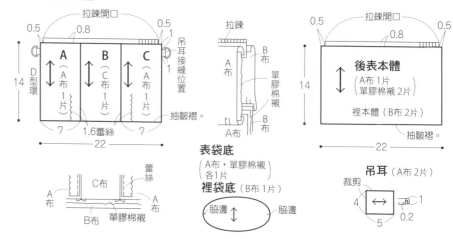

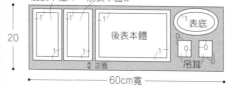

A布裁布圖

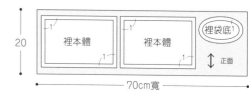

B布裁布圖

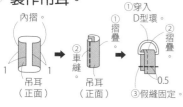

C布裁布圖

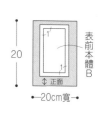

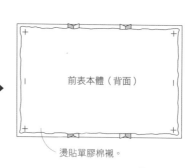

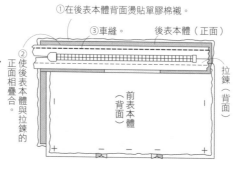

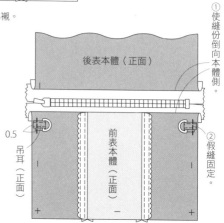

4 縫合前表本體＆後表本體，並接縫袋底。

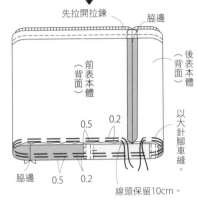

拉錬（背面）

後表本體（背面）

①車縫。

②熨開縫份。

前表本體（正面）

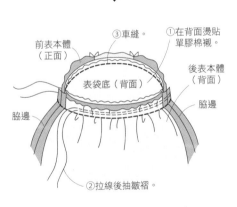

先拉開拉錬　脇邊

前表本體（背面）

後表本體（背面）

以大針腳車縫。

0.5　0.2

0.5　0.2

脇邊

線頭保留10cm。

5 縫合裡本體，並接縫袋底。

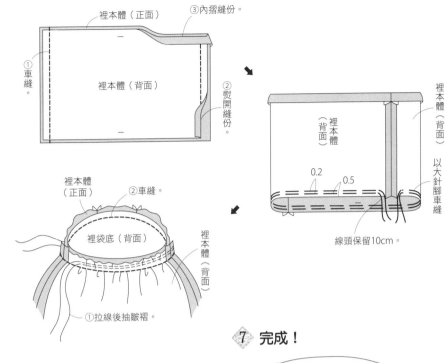

裡本體（正面）　③內摺縫份。

①車縫。

裡本體（背面）

②熨開縫份。

裡本體（背面）

0.2　0.5

裡本體（背面）　以大針腳車縫

線頭保留10cm。

裡本體（正面）　②車縫。

裡袋底（背面）

裡本體（背面）

①拉線後抽皺褶。

6 疊合表本體＆裡本體後，以藏針縫縫合。

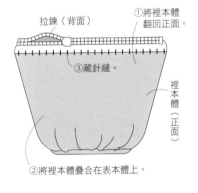

③車縫。

①在背面燙貼單膠棉襯。

前表本體（正面）

表袋底（背面）

後表本體（背面）

脇邊　　脇邊

②拉線後抽皺褶。

拉錬（背面）

①將裡本體翻回正面。

③藏針縫。

裡本體（正面）

②將裡本體疊合在表本體上。

7 完成！

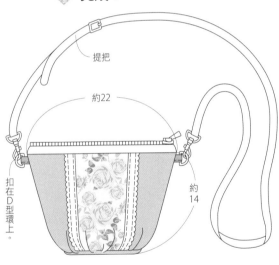

提把

約22

扣在D型環上。

約14

原寸紙型

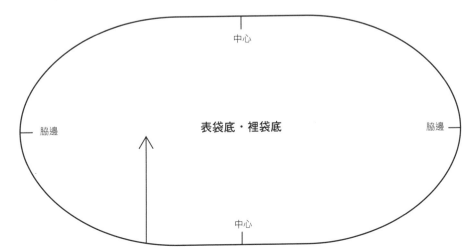

脇邊　　　　中心　　　　脇邊

表袋底・裡袋底

中心

✦✦✦✦✦✦✦✦✦✦✦✦✦

❖ 材料

・表布（麻布・素色）50cm寬 1m30cm
・裡布（麻布・花紋）60cm寬 20cm
・單膠棉襯 50cm寬 20cm
・布襯 20cm寬 20cm
・蕾絲 1cm寬 1m20cm
・磁釦 直徑1.8cm×1組
・轉繡網布（10cm 100針腳）10cm×10cm
・25號繡線（白色）適量
※以轉繡網布2針目作為1針目，進行十字繡。

★ 製圖

★表本體・袋蓋原寸紙型參見P.47。

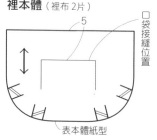

1cm滾邊
滾邊布（↗）
袋蓋接縫位置（後）
肩背繩接縫位置
抽皺褶。
裡布
單膠棉襯
磁釦（前）

表本體
（表布・單膠棉襯）各2片

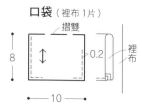

裡布
布襯
1.8 0.2

袋蓋
（表布・裡布布襯 各2片）

磁釦（裡側）

裡本體（裡布 2片）
5
口袋接縫位置

表本體紙型

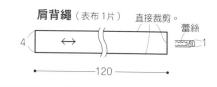

口袋（裡布 1片）
摺雙
裡布
8
0.2
10

肩背繩（表布 1片） 直接裁剪。
蕾絲
4 ←→ 1
120

表布裁布圖　　▨=燙貼布襯位置

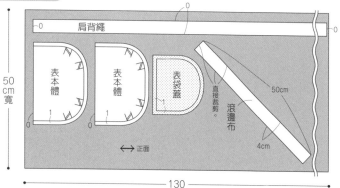

0
肩背繩
0 0 0
表本體 表本體 表袋蓋
直接裁剪。
50cm寬
滾邊布
50cm
4cm
←→ 正面
1 1
0 0
130

裡布裁布圖

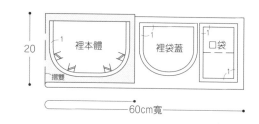

裡本體 裡袋蓋 口袋
20
1 1 1
摺雙
60cm寬

作法　※參見裁布圖，在指定的位置燙貼布襯後再開始車縫。

① 製作袋蓋。

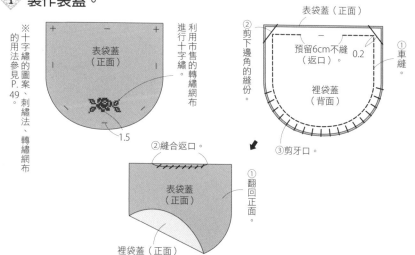

※十字繡的圖案、刺繡法、轉繡網布的用法參見P.49。

表袋蓋（正面）
+ − +
| |
−   −
| |
−
1.5

利用市售的轉繡網布進行十字繡。

②縫合返口。

表袋蓋（正面）
①翻回正面。

裡袋蓋（正面）

②剪下邊角的縫份。

表袋蓋（正面）
預留6cm不縫（返口）。 0.2
①車縫
裡袋蓋（背面）

③剪牙口。

② 製作＆接縫口袋。

①摺疊。
③剪下邊角的縫份。
口袋（背面）
0.2
②車縫。
預留5cm不縫（返口）。

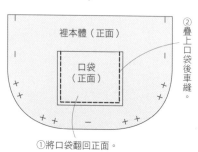

裡本體（正面）
口袋（正面）
②疊上口袋後車縫。
+ − +
①將口袋翻回正面。

③ 摺製表本體的褶襇後，進行縫合。

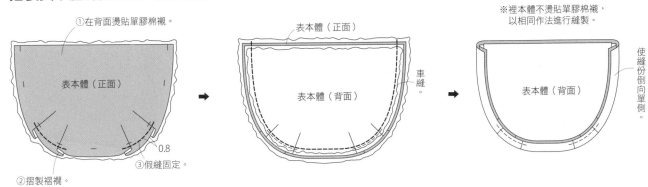

①在背面燙貼單膠棉襯。

表本體（正面）

②摺製褶襇。

③假縫固定。

0.8

表本體（正面）

表本體（背面）

車縫。

※裡本體不燙貼單膠棉襯，以相同作法進行縫製。

表本體（背面）

使縫份倒向單側。

④ 製作肩背繩＆車縫固定於裡本體。

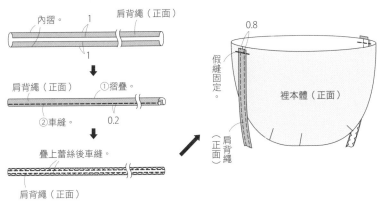

內摺。

1

1

肩背繩（正面）

肩背繩（正面）

①摺疊。

②車縫。

0.2

疊上蕾絲後車縫。

肩背繩（正面）

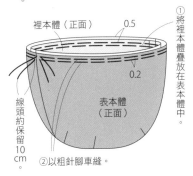

0.8

假縫固定。

裡本體（正面）

肩背繩（正面）

⑤ 疊合表本體＆裡本體。

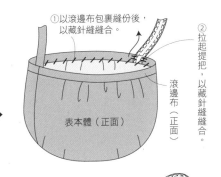

裡本體（正面）

0.5

0.2

①將裡本體疊放在表本體中。

線頭約保留10cm。

表本體（正面）

②以粗針腳車縫。

①以滾邊布包裹縫份後，以藏針縫縫合。

②拉起提把，以藏針縫縫合。

表本體（正面）

滾邊布（正面）

⑥ 進行包口滾邊。

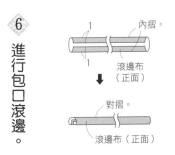

1

內摺。

1

滾邊布（正面）

對摺。

滾邊布（正面）

①裁剪至44cm。

③車縫。

1

②展開摺邊。

④打開。

滾邊布（背面）

②沿著摺痕車縫。

①拉緊縫線，抽皺褶至包口為42cm。

表本體（正面）

滾邊布（正面）

收攏布端。

翻回單側的摺邊。

⑧ 縫上磁釦。

⑨ 完成！

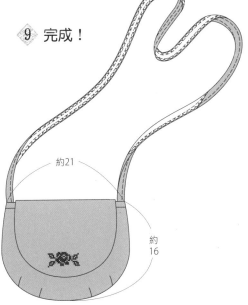

約21

約16

⑦ 接縫袋蓋。

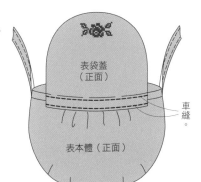

表袋蓋（正面）

車縫。

表本體（正面）

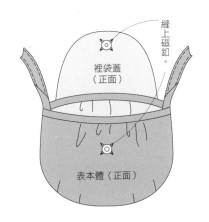

縫上磁釦。

裡袋蓋（正面）

表本體（正面）

❀ **材料**

・表布（羊毛布・點點）150cm寬 40cm
・裡布（棉布・花紋）60cm寬 30cm
・單膠棉襯 70cm寬 30cm
・布襯 10cm寬 1m50cm
・拉鍊 32cm×1條
・支架口金（寬15cm・高6cm）1個

製圖

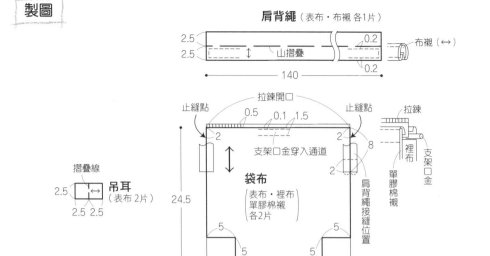

肩背繩（表布・布襯 各1片）

2.5
2.5　山摺疊　0.2　布襯（↔）
140　0.2

拉鍊開口

摺疊線
2.5　吊耳（表布2片）
2.5 2.5

止縫點　0.5　0.1 1.5　止縫點　拉鍊
2　　　　　　　　　2　8
支架口金穿入通道　　裡布
2　支架口金
袋布　　單膠棉襯
（表布・裡布
單膠棉襯
各2片）
肩背繩接縫位置
24.5
5　　5
5　　5
26

作法　※參見裁布圖，在指定的位置燙貼布襯後再開始車縫。

表布裁布圖

▨＝燙貼布襯位置

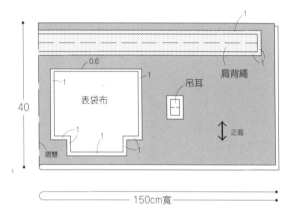

0.6
1
1　　1
表袋布　　肩背繩
1　吊耳
40
1　　1
1　正面
摺雙

150cm寬

裡布裁布圖

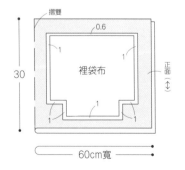

摺雙
0.6
1
1　　1
裡袋布
30　　　　　正面（↕）
1

60cm寬

1 製作肩背繩。

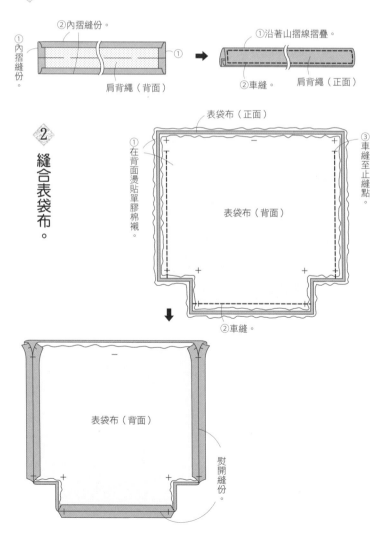

①內摺縫份。
②內摺縫份。
①沿著山摺線摺疊。
①
②車縫。　肩背繩（正面）
肩背繩（背面）

2 縫合表袋布。

表袋布（正面）
①在背面燙貼單膠棉襯。
＋　－　＋
③車縫至止縫點。
表袋布（背面）
＋　　　　＋
②車縫。

↓

－
表袋布（背面）
＋　　　＋
熨開縫份。

◇3 車縫表袋布側幅。

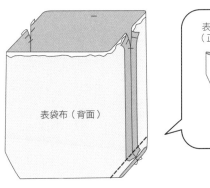

表袋布（背面）

底線
表袋布（正面）
①對合脇線＆底線。
表袋布（背面）
②車縫。
脇線

◇4 車縫固定拉鍊。

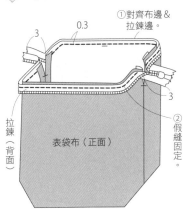

①對齊布邊＆拉鍊邊。
0.3
3
拉鍊（背面）
表袋布（正面）
3
②假縫固定。

◇5 縫合裡袋布。

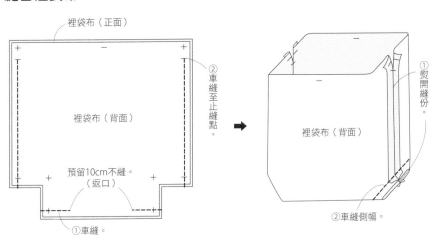

裡袋布（正面）
②車縫至止縫點。
裡袋布（背面）
預留10cm不縫。（返口）
①車縫。

①熨開縫份。
裡袋布（背面）
②車縫側幅。

◇7 製作＆接縫吊耳。

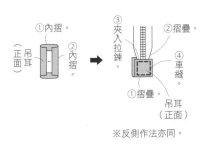

①內摺。
吊耳（正面）
②內摺。
③夾入拉鍊。
②摺疊。
④車縫。
①摺疊。
吊耳（正面）

※反側作法亦同。

◇6 縫合表袋布＆裡袋布。

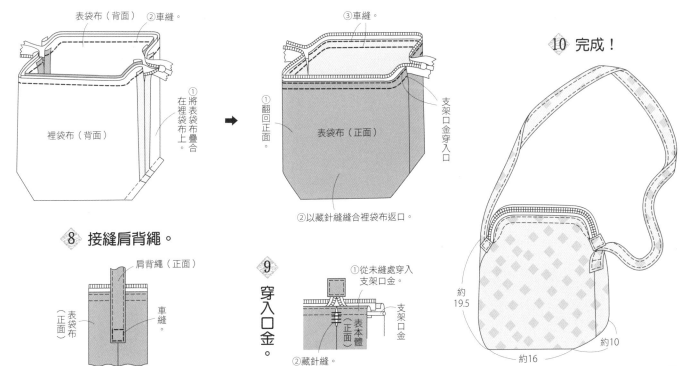

表袋布（背面）
②車縫。
①將表袋布疊合在裡袋布上。
裡袋布（背面）

③車縫。
①翻回正面。
表袋布（正面）
支架口金穿入口
②以藏針縫縫合裡袋布返口。

◇8 接縫肩背繩。

肩背繩（正面）
車縫。
表袋布（正面）

◇9 穿入口金。

①從未縫處穿入支架口金。
表本體（正面）
支架口金
②藏針縫。

◇10 完成！

約19.5
約16
約10

❀ **材料**

- A布（棉布・素色）60cm寬 1m40cm
- B布（棉布・植物花紋）70cm寬 60cm
- C布（提花棉布・格子）50cm寬 30cm
- 單膠棉襯 90cm寬 60cm
- 布襯 90cm寬 10cm
- 拉鍊 12cm×1條
- 橄欖釦 長4cm×1個

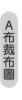

A布裁布圖

- 表前口袋
- 表後口袋
- 表側幅
- 袋布貼邊
- 側幅貼邊
- 後口袋貼邊
- 肩背繩
- 30cm
- 4cm
- 布環
- 正面

= 燙貼布襯位置

140
60cm寬

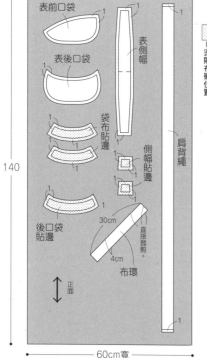

B布裁布圖

- 裡袋布
- 裡袋布
- 裡前口袋
- 內口袋
- 裡後口袋
- 裡側幅
- 正面

60
70cm寬

C布裁布圖

- 摺雙
- 表袋布
- 正面

30
50cm寬

製圖 ★表袋布、裡袋布、袋布貼邊、表・裡前口袋、表・裡後口袋、後口袋貼邊
原寸紙型參見P.80。

表袋布（C布・單膠棉襯 各2片）

布環接縫位置（後）
布環接縫位置（前）
5.5
4
前口袋接縫位置
合印記號　合印記號

袋布貼邊（A布・布襯 各2片）

拉鍊　A布
C布　布襯
B布
單膠棉襯

表側幅（A布・單膠棉襯 各1片）
肩背繩接縫位置
0.7　0.7
3
24.8
9.5
5
摺雙
合印記號　合印記號

側幅貼邊（A布・布襯 各2片）

裡側幅（B布1片）

※以表側幅去除側幅貼邊的形狀來製作裡側幅紙型。

裡袋布（B布2片）

摺雙
1
8
12
0.2

內口袋（B布1片）

肩背繩（A布1片）　直接裁剪。
5
130
0.2
1.25
0.2

表前口袋（A布・單膠棉襯 各1片）
拉鍊開口
5.5　5.5

裡前口袋（B布1片）

表後口袋（A布・單膠棉襯 各1片）

裡後口袋（B布1片）

後口袋貼邊（A布・布襯 各1片）
A布　A布
布襯
B布
單膠棉襯

作法　※參見裁布圖，在指定的位置燙貼布襯後再開始車縫。

◈ 1 **縫合裡袋布。**

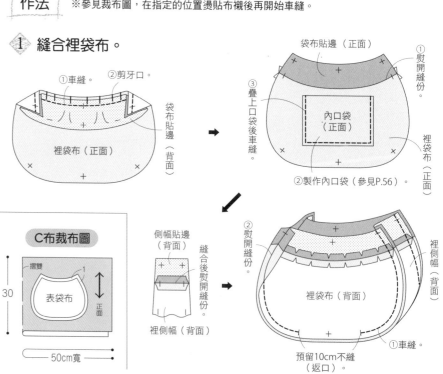

- ①車縫。
- ②剪牙口。
- 裡袋布（正面）
- 袋布貼邊（背面）
- 袋布貼邊（正面）
- ①熨開縫份。
- ③疊上口袋後車縫。
- 內口袋（正面）
- 裡袋布（正面）
- ②製作內口袋（參見P.56）。
- 側幅貼邊（背面）
- 縫合後熨開縫份。
- 裡側幅（背面）
- ②熨開縫份。
- 裡袋布（背面）
- 裡側幅（背面）
- ①車縫。
- 預留10cm不縫（返口）。

② 製作布環。

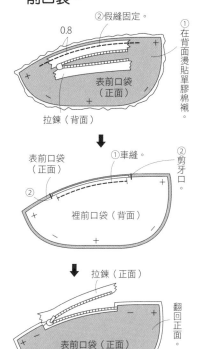

①摺疊。　0.6　②車縫。　拉大邊距。　布環（背面）　②從針孔側穿入。　翻回正面。

③裁剪至0.3cm。　布環（背面）　①縫1針。　布環（正面）

③ 製作肩背繩。

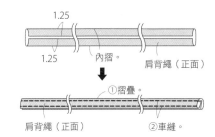

1.25　1.25　內摺。　肩背繩（正面）

①摺疊。　肩背繩（正面）　肩背繩（正面）　②車縫。

④ 在表袋布上加裝前口袋。

②假縫固定。　①在背面燙貼單膠棉襯。　0.8　表前口袋（正面）　拉鍊（背面）

表前口袋（正面）　①車縫。　②剪牙口。　②　裡前口袋（背面）

②　拉鍊（正面）　翻回正面。　表前口袋（正面）　裡前口袋（背面）

①在表袋布背面燙貼單膠棉襯。　②車縫。　裡前口袋（正面）　②　拉鍊（背面）　表袋布（正面）　③車縫。

④疊上布環後車縫。　0.5　③將布環剪至10cm，穿入橄欖釦。　表袋布（正面）　①往下倒。　表前口袋（正面）　②假縫固定。　0.8

⑤ 將表袋布縫上後口袋，並與側幅縫合。

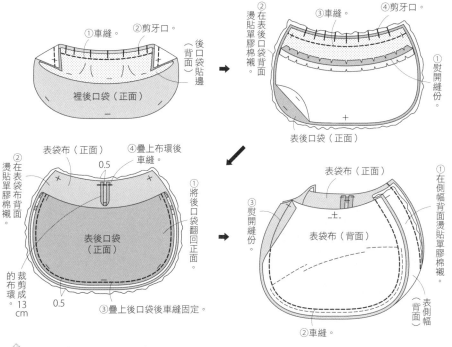

①車縫。　②剪牙口。　後口袋貼邊　裡後口袋（正面）

②在表後口袋背面燙貼單膠棉襯。　③車縫。　④剪牙口。　①熨開縫份。　表後口袋（正面）

表袋布（正面）　②在表袋布背面燙貼單膠棉襯。　④疊上布環後車縫。　0.5　①將後口袋翻回正面。　表後口袋（正面）　裁剪成13cm的布環。　0.5　③疊上後口袋後車縫固定。

③熨開縫份。　表袋布（正面）　①在側幅背面燙貼單膠棉襯。　表袋布（背面）　（表側幅背面）　②車縫。

⑥ 縫合表袋布＆裡袋布。

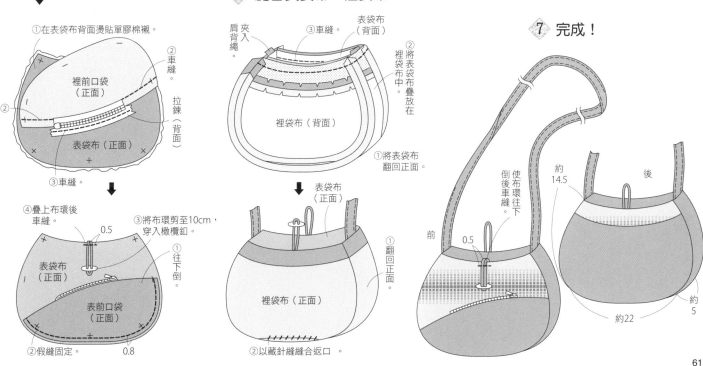

肩背繩夾入。　③車縫。　表袋布（背面）　②將表袋布疊放在裡袋布中。　裡袋布（背面）　①將表袋布翻回正面。

肩背繩　表袋布（正面）　表袋布（正面）　裡袋布（正面）　①翻回正面。　②以藏針縫縫合返口。

⑦ 完成！

約14.5　後　前　0.5　使布環往下倒後車縫。　約22　約5

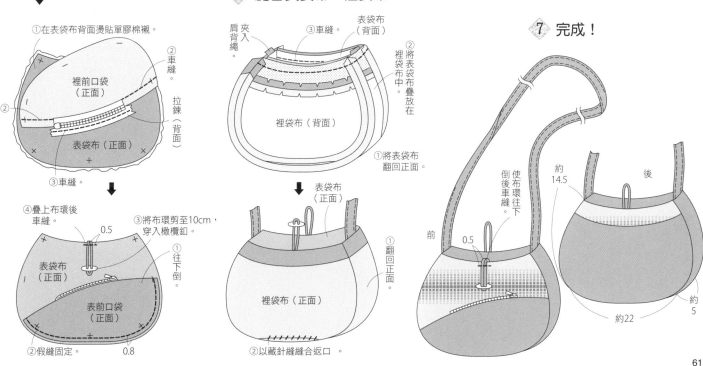

◇ **材料**
・A布（棉布・素色）60cm寬 1m40cm
・B布（棉布・植物花紋）90cm寬 50cm
・C布（棉布・條紋）40cm寬 20cm
・單膠棉襯 70cm寬 60cm
・布襯 70cm寬 20cm
・拉鍊 18.5cm×1條
・橄欖釦 長4cm×1個

製圖 ★表袋布、裡袋布、袋布貼邊、表・裡外口袋、外口袋貼邊、袋蓋原寸紙型參見P.47。

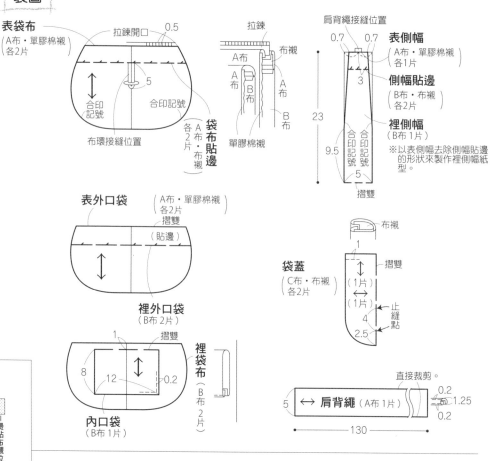

A布裁布圖

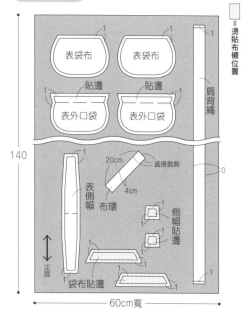

= 燙貼布襯位置

B布裁布圖

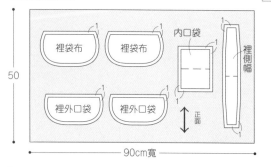

C布裁布圖

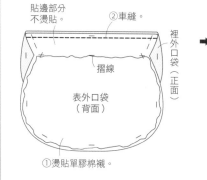

作法 ※參見裁布圖，在指定的位置燙貼布襯後再開始車縫。

1 **製作外口袋，並車縫固定在表袋布上。**

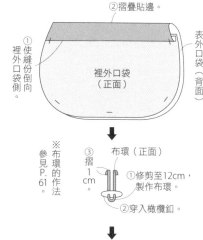

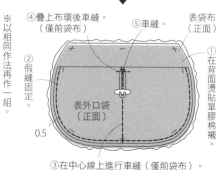

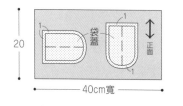

② 製作袋蓋。

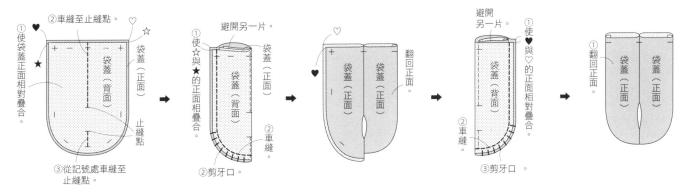

③ 縫合表袋布＆表側幅，再接縫上肩背繩＆袋蓋。

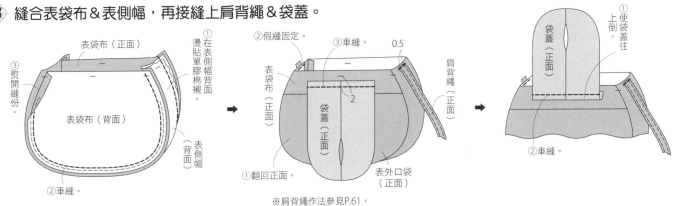

※肩背繩作法參見P.61。

④ 將拉鍊車縫固定於表袋布。

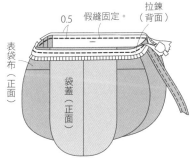

⑤ 縫合裡袋布＆裡側幅。

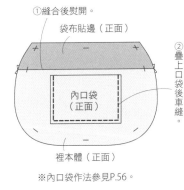

※內口袋作法參見P.56。

⑥ 縫合表袋布＆裡袋布。

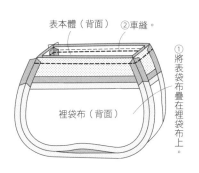

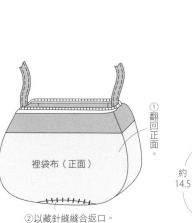

⑦ 完成！

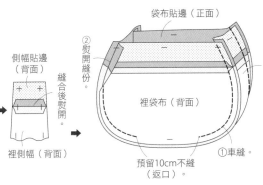

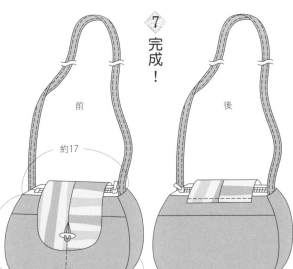

P.17 19・20

20

19

◈ 材料（1点分）

・A布（棉布・19素色／20格子）30cm寬 50cm
・B布（棉布・19格子／20素色）30cm寬 20cm
・C布（11號帆布）30cm寬 50cm
・拉鍊 29cm×1條
・皮革 10cm×10cm・1.5cm寬的布條 1m20cm
・問號鉤 2.2cm×2個・D型環 2.2cm×2個
・雙面鉚釘 直徑0.8cm×4組
・0.3cm寬的皮革 20cm

製圖　★表・裡本體&底部原寸紙型參見P.65。

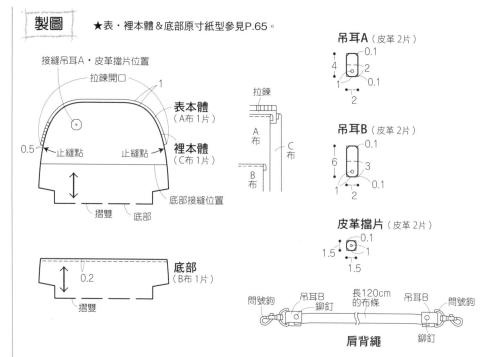

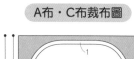

A布・C布裁布圖　　B布裁布圖

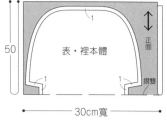

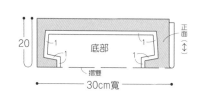

作法

① 製作肩背繩。

---

② 縫合裡本體。

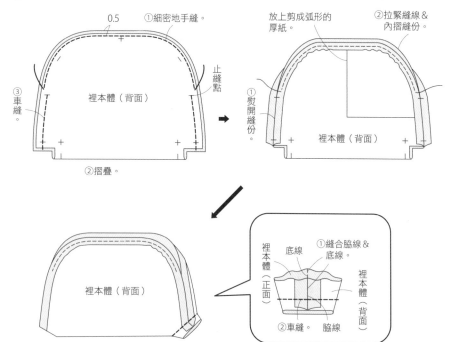

③ 將底部接縫於表本體上。

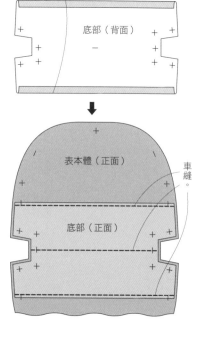

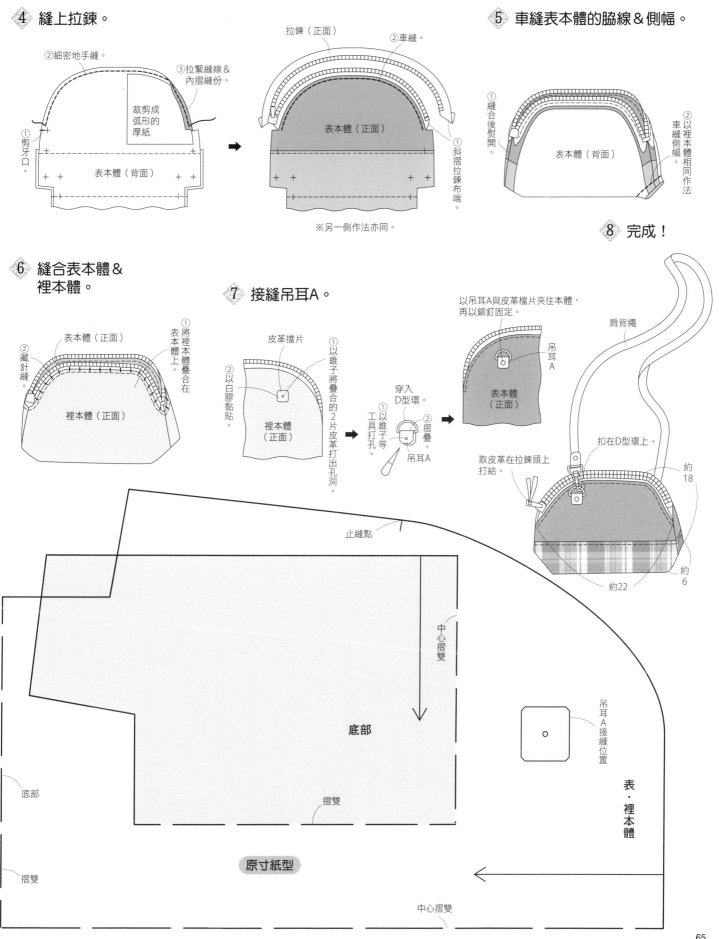

4 縫上拉鍊。

②細密地手縫。

③拉緊縫線＆內摺縫份。

裁剪成弧形的厚紙

①剪牙口。

表本體（背面）

拉鍊（正面）

②車縫。

表本體（正面）

①斜摺拉鍊布端。

※另一側作法亦同。

5 車縫表本體的脇線＆側幅。

①縫合後熨開。

表本體（背面）

②以裡本體相同作法車縫側幅。

6 縫合表本體＆裡本體。

②藏針縫。

表本體（正面）

①將裡本體疊合在表本體上。

裡本體（正面）

7 接縫吊耳A。

皮革擋片

②以白膠黏貼。

裡本體（正面）

①以錐子將疊合的2片皮革打出孔洞。

穿入D型環。

①以錐子等工具打孔。

②摺疊。

吊耳A

以吊耳A與皮革擋片夾住本體，再以鉚釘固定。

吊耳A

表本體（正面）

取皮革在拉鍊頭上打結。

8 完成！

肩背繩

扣在D型環上。

約18

約22

約6

止縫點

中心摺雙

底部

摺雙

底部

摺雙

吊耳A接縫位置

表‧裡本體

原寸紙型

中心摺雙

❖ 材料

・A布（棉布・鳥紋）70cm寬 30cm
・B布（棉布・點點）50cm寬 30cm
・布襯 70cm寬 20cm
・斜紋布條（滾邊型）0.8cm寬 50cm
・拉鍊 12cm×1條
・名牌布標 1片・D型環 1.1cm×2個
・提把（HS-1100S#870暗咖啡色／
　INAZUMA）1條

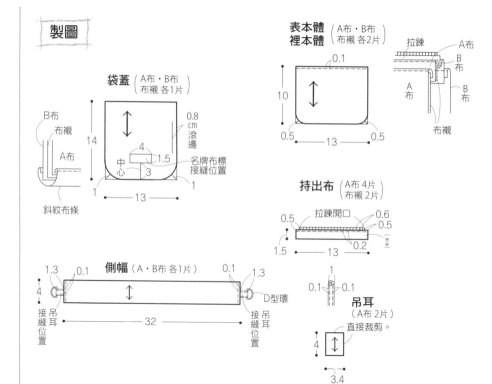

製圖

袋蓋（A布・B布　布襯 各1片）

表本體（A布・B布）
裡本體（布襯 各2片）

持出布（A布 4片　布襯 2片）

側幅（A・B布 各1片）

吊耳（A布 2片）
直接裁剪。

A布裁布圖

= 燙貼布襯位置

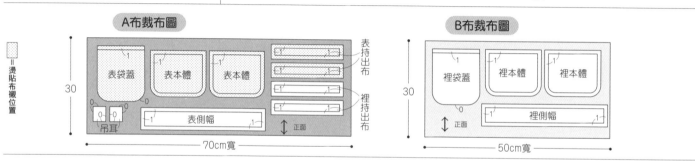

B布裁布圖

作法　※參見裁布圖，在指定的位置燙貼布襯後再開始車縫。

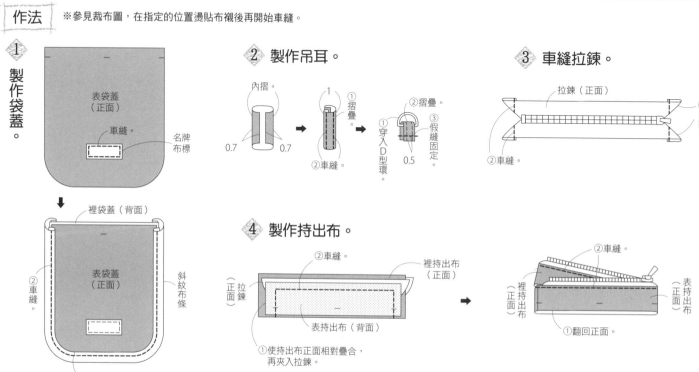

① 製作袋蓋。

② 製作吊耳。

③ 車縫拉鍊。

④ 製作持出布。

①使持出布正面相對疊合，
　再夾入拉鍊。

※另一側也以相同作法車縫。

◇ 5 縫合表本體＆表側幅。

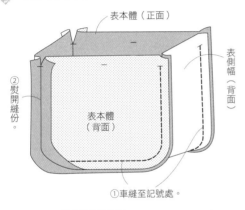

表本體（正面）
表側幅（背面）
② 熨開縫份。
表本體（背面）
① 車縫至記號處。

※裡本體作法亦同。

◇ 6 接縫袋蓋＆吊耳。

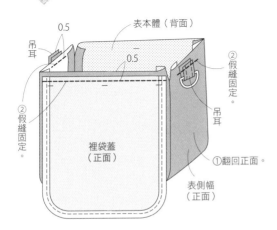

0.5
吊耳
0.5
② 假縫固定。
表本體（背面）
② 假縫固定。
吊耳
② 假縫固定。
① 翻回正面。
裡袋蓋（正面）
表側幅（正面）

◇ 8 縫合表本體＆裡本體。

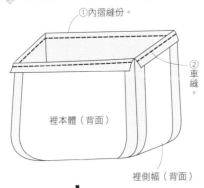

① 內摺縫份。
② 車縫。
裡本體（背面）
裡側幅（背面）

↓

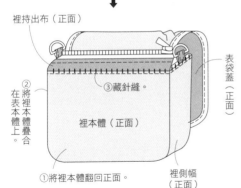

裡持出布（正面）
② 將裡本體疊合在表本體上。
③ 藏針縫。
裡本體（正面）
表袋蓋（正面）
① 將裡本體翻回正面。
裡側幅（正面）

◇ 7 接縫持出布。

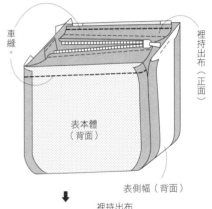

車縫。
裡持出布（正面）
表本體（背面）
表側幅（背面）

↓

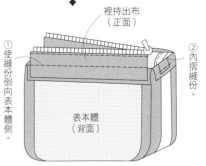

裡持出布（正面）
① 使縫份倒向表本體側。
② 內摺縫份。
表本體（背面）

◇ 9 車縫包口。

持出布（正面）
車縫。
表袋蓋（正面）
表本體（正面）
表側幅（正面）

◇ 10 完成！

提把
扣在D型環上。
約10
約13
約4

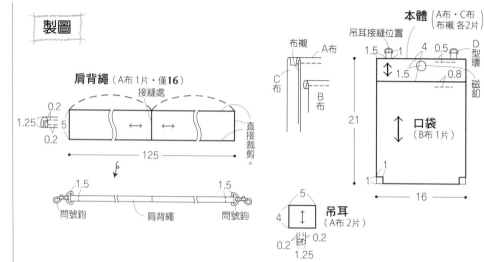

製圖

肩背繩（A布1片·僅16）
接縫處

本體（A布·C布 布襯 各2片）
吊耳接縫位置
D型環
磁釦

口袋（B布1片）

吊耳（A布2片）

◈ 材料（1点分）
・16 A布（棉布·素色）40cm寬 70cm
・17 A布（棉布·素色）30cm寬 50cm
・16 B布（麻布·森林花紋）20cm寬 30cm
・17 B布（棉布·迷彩紋）20cm寬 30cm
・C布（棉布·素色）40cm寬 30cm
・布襯 40cm寬 30cm
・D型環 1.2cm（AK-6-16／INAZUMA）2個
・磁釦 直徑1cm
　（AK-25-10／INAZUMA）1組
・腰包夾 2個
・16 問號鉤 1.5cm×2個
・17 提把（YAS-1013#11黑色
　／INAZUMA）1條

作法　※參見裁布圖，在指定的位置燙貼布襯後再開始車縫。

2 製作口袋＆車縫固定在表本體上。

1 製作吊耳。

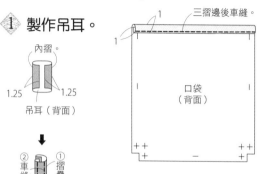

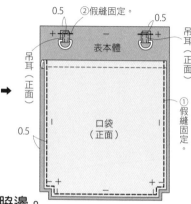

A布裁布圖

= 燙貼布襯位置

3 車縫表本體的底部＆脇邊。

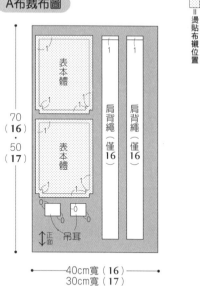

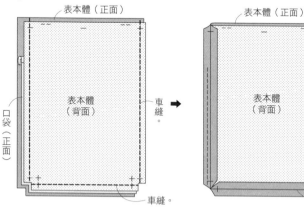

C布裁布圖　　B布裁布圖

4 車縫表本體側幅。

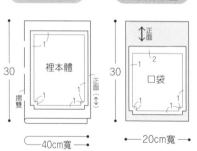

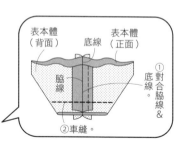

5 車縫裡本體。

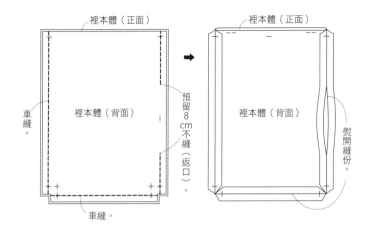

裡本體（正面）

車縫

裡本體（背面）

預留8cm不縫（返口）。

裡本體（正面）

裡本體（背面）

熨開縫份。

車縫。

6 車縫裡本體側幅。

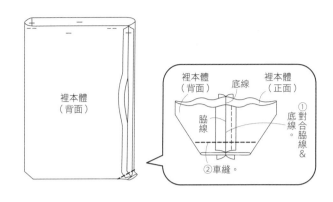

裡本體（背面）

裡本體（背面）　底線　裡本體（正面）

脇線

① 對合脇線&底線。

② 車縫。

7 縫合表本體＆裡本體。

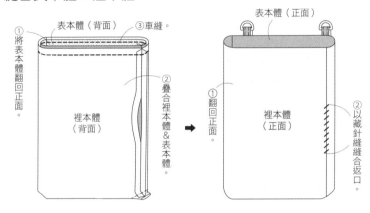

表本體（背面）　③車縫。

① 將表本體翻回正面。

裡本體（背面）

② 疊合裡本體＆表本體。

表本體（正面）

① 翻回正面。

裡本體（正面）

② 以藏針縫縫合返口。

8 車縫包口。

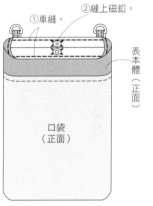

① 車縫。　② 縫上磁釦。

表本體（正面）

口袋（正面）

9 製作肩背繩（僅16）。

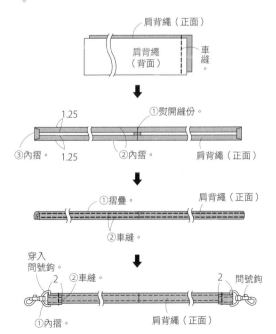

肩背繩（正面）

肩背繩（背面）　車縫。

1.25　　① 熨開縫份。

1.25

③ 內摺。　② 內摺。　肩背繩（正面）

① 摺疊。　肩背繩（正面）

② 車縫。

穿入問號鉤。

② 車縫。　2　　　　　2　問號鉤

① 內摺。　肩背繩（正面）

10 完成！

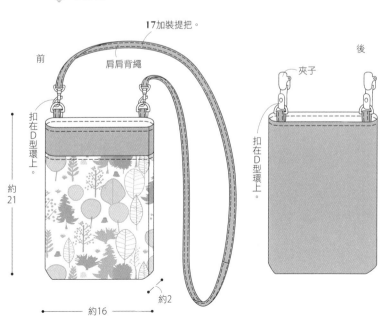

17加裝提把。

前　　肩肩背繩　　　　　　後

扣在D型環上。

夾子

扣在D型環上。

約21

約2

約16

❖ 材料
・表布（丹寧）80cm寬 70cm
・裡布（棉布・條紋）40cm寬 50cm
・布襯 40cm寬 50cm
・1.8cm寬的織帶 60cm
・磁鈕 直徑1cm
　（AK-25-10／INAZUMA）1組
・問號鉤 1.5cm×2個

製圖

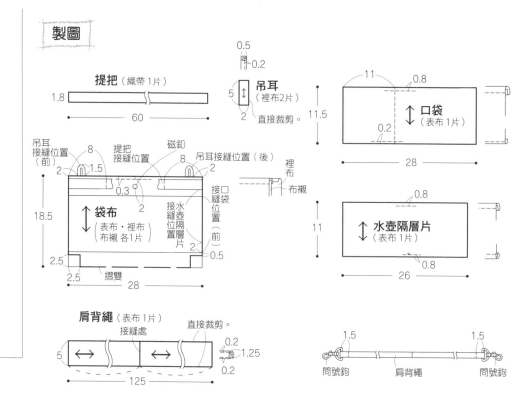

提把（織帶 1片）
1.8
60

吊耳（裡布2片）
5 2
直接裁剪。
0.5 0.2

口袋（表布1片）
11 0.8
11.5
0.2
28

吊耳接縫位置（前）
提把接縫位置
磁鈕
吊耳接縫位置（後）
8 2 1.5
0.3
8 2
2
袋布
（表布・裡布・布襯 各1片）
接縫袋口位置（前）
接水壺隔層片縫位置
裡布
布襯
18.5
2.5
2.5
摺雙
28
0.5
2

水壺隔層片（表布1片）
0.8
11
0.8
26

肩背繩（表布1片）
接縫處
直接裁剪。
5
125
0.2 1.25 0.2

1.5　　　　　　　　1.5
問號鉤　　肩背繩　　問號鉤

表布裁布圖

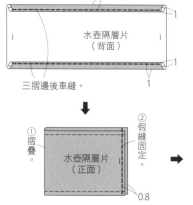

= 燙貼布襯位置

裡布裁布圖

70
80cm寬

50
40cm寬

作法　※參見裁布圖，在指定的位置燙貼布襯後再開始車縫。

1 製作＆車縫固定水壺隔層片。

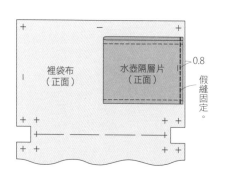

水壺隔層片（背面）
三摺邊後車縫。
①摺疊
水壺隔層片（正面）
②假縫固定
0.8

裡袋布（正面）
水壺隔層片（正面）
0.8
假縫固定

2 製作＆接縫口袋。

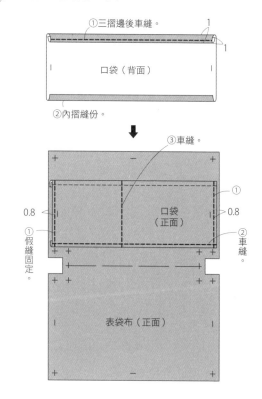

①三摺邊後車縫。
口袋（背面）
②內摺縫份。

③車縫。
①
口袋（正面）
0.8
①假縫固定
②車縫。
表袋布（正面）

3 製作吊耳。

內摺。
0.5 0.5
吊耳（正面）
②車縫
①摺疊

◇4 縫合表袋布。

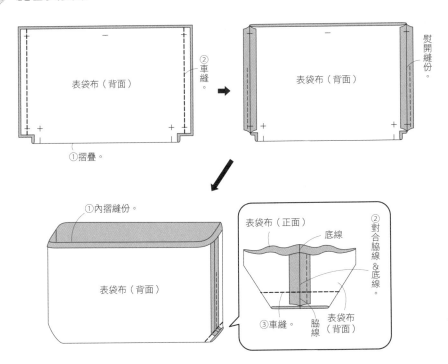

②車縫。

表袋布（背面）

熨開縫份。

①摺疊。

①內摺縫份。

表袋布（背面）

表袋布（正面）
底線
②對合脇線＆底線。
③車縫
脇線
表袋布（背面）

◇5 縫合裡袋布。

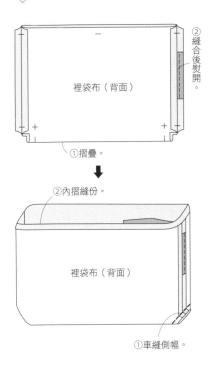

②縫合後熨開。

裡袋布（背面）

①摺疊。

②內摺縫份。

裡袋布（背面）

①車縫側幅。

◇6 縫合表袋布＆裡袋布。

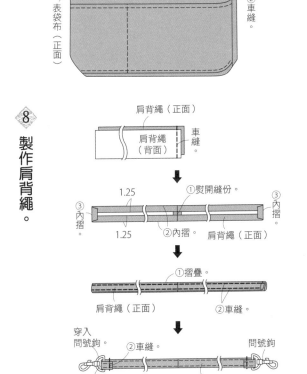

夾入吊耳。
裡袋布（正面）
①將裡袋布疊放在表袋布中。
吊耳（正面）
②車縫。
表袋布（正面）

◇7 加裝提把。

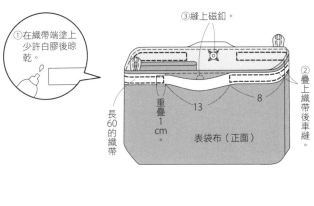

③縫上磁釦。

①在織帶端塗上少許白膠後晾乾。

②疊上織帶後車縫。

長60的織帶
重疊1cm。
13
8
表袋布（正面）

◇8 製作肩背繩。

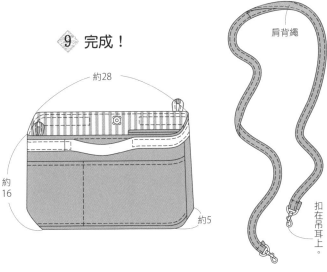

肩背繩（正面）
車縫。
肩背繩（背面）

1.25
①熨開縫份。
③內摺
③內摺
②內摺
1.25
肩背繩（正面）

①摺疊。
肩背繩（正面）
②車縫。

穿入問號鉤。
②車縫。
問號鉤
①內摺。
肩背繩（正面）

◇9 完成！

約28
約16
約5
肩背繩
扣在吊耳上。

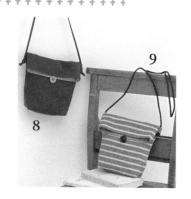

❖ **材料（1件）**

- 8表布（麻布・素色）70cm寬 70cm
- 9表布（棉布・粗條紋）70cm寬 40cm
- 8裡布（棉布・條紋）60cm寬 40cm
- 9裡布（麻布・素色）60cm寬 40cm
- 布襯 60cm寬 40cm
- 鈕釦 直徑2.2cm×1個
- 寬0.3cm的皮革 10cm
- 9粗0.6cm的繩子 1m30cm

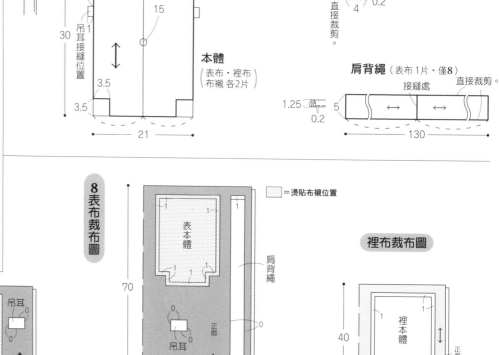

製圖

本體
（表布・裡布
布襯 各2片）

吊耳（表布2片）

肩背繩（表布1片・僅8）

9 表布裁布圖

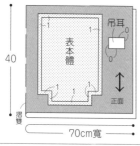

8 表布裁布圖

裡布裁布圖

▨ = 燙貼布襯位置

作法　※參見裁布圖，在指定的位置燙貼布襯後再開始車縫。

1️⃣ **製作＆車縫固定吊耳。**

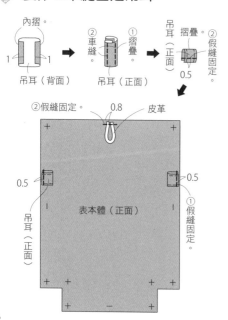

2️⃣ **車縫表本體的底線＆脇線。**

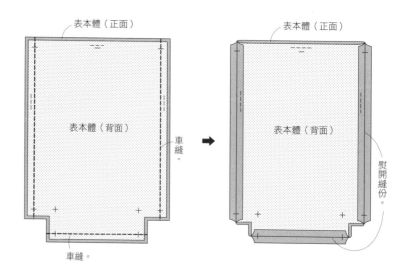

3 車縫表本體側幅。

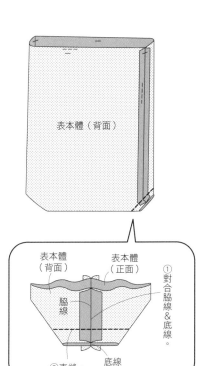

表本體（背面）

表本體（背面）　表本體（正面）

① 對合脇線&底線。

脇線

② 車縫。　底線

4 縫合裡本體。

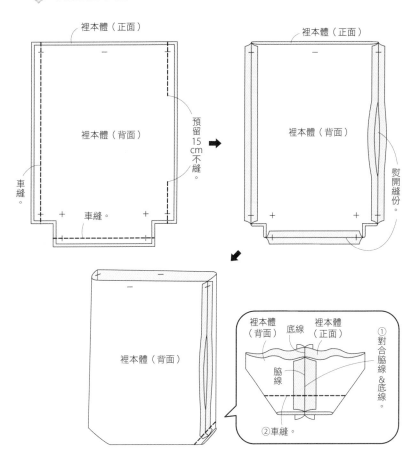

裡本體（正面）

裡本體（背面）

車縫。

預留15cm不縫。

車縫。

裡本體（正面）

裡本體（背面）

熨開縫份。

裡本體（背面）

裡本體（背面）　底線　裡本體（正面）

① 對合脇線&底線。

脇線

② 車縫。

5 縫合表本體&裡本體。

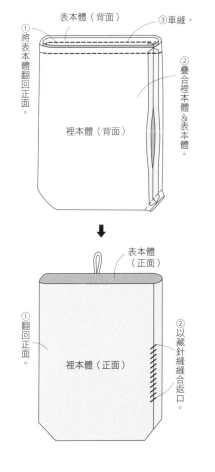

表本體（背面）　③ 車縫。

① 將表本體翻回正面。

② 疊合裡本體&表本體。

裡本體（背面）

表本體（正面）

① 翻回正面。

裡本體（正面）

② 以藏針縫縫合返口。

6 車縫包口。

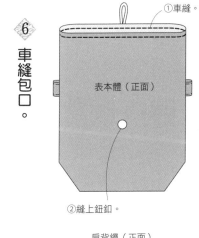

① 車縫。

表本體（正面）

② 縫上鈕釦。

7 製作肩背繩（僅8）。

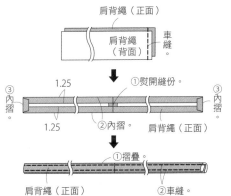

肩背繩（正面）

肩背繩（背面）　車縫。

1.25　① 熨開縫份。

③ 內摺　③ 內摺

1.25　② 內摺　肩背繩（正面）

① 摺疊。

肩背繩（正面）　② 車縫。

8 完成！

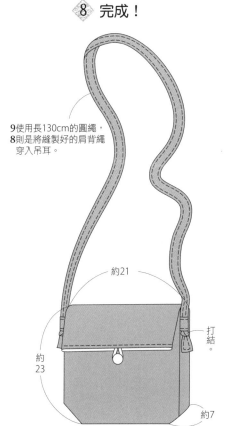

9使用長130cm的圓繩，8則是將縫製好的肩背繩穿入吊耳。

約21

打結。

約23

約7

P.6 7

✤ ✤ ✤ ✤ ✤ ✤ ✤ ✤ ✤ ✤ ✤ ✤ ✤

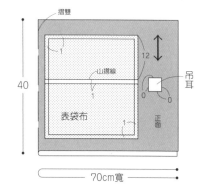

◈ **材料**

・表布（棉布・格子）70cm寬 40cm
・裡布（麻布・素色）80cm寬 40cm
・布襯（厚）70cm寬 40cm
・D型環1.1cm（AK-6-14／INAZUMA）2個
・磁釦直徑1cm
　（AK-25-10／INAZUMA）1組
・提把（YAT-1409#387深咖啡色
　／INAZUMA）1條

表布裁布圖　▨＝燙貼布襯位置

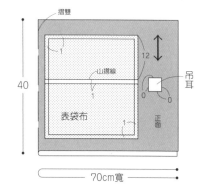

摺雙
12
吊耳
40
山摺線
表袋布
正面
70cm寬

裡布裁布圖

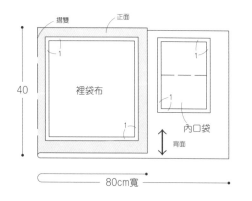

摺雙　正面
40
裡袋布
內口袋
背面
80cm寬

製圖

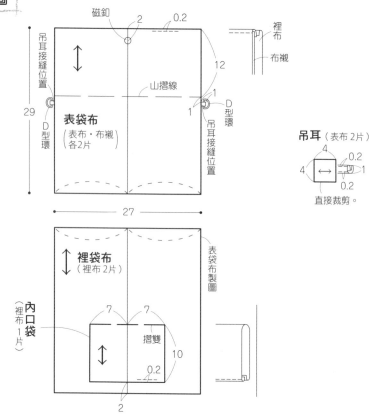

磁釦　2　0.2
吊耳接縫位置
29
D型環
表袋布
（表布・布襯 各2片）
山摺線
12
1
D型環
吊耳接縫位置
27
裡布
布襯

吊耳（表布2片）
4　0.2
4　1
0.2
直接裁剪。

裡袋布
（裡布2片）
表袋布布製圖
內口袋
（裡布1片）
7　7
摺雙
10
0.2
2

作法　※參見裁布圖，在指定的位置燙貼布襯後再開始車縫。

◇ **1** 製作＆車縫固定吊耳。

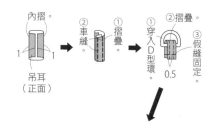

內摺。
1　1
吊耳（正面）
②車縫。
①摺疊。
①穿入D型環。
②摺疊。
③假縫固定。
0.5

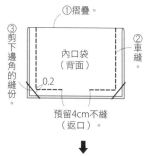

0.5
假縫固定。
表袋布（正面）
吊耳（正面）

◇ **2** 製作＆接縫內口袋。

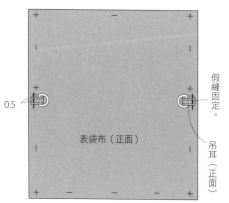

①摺疊。
③剪下邊角的縫份。
②車縫。
0.2
內口袋（背面）
預留4cm不縫（返口）。

裡袋布（正面）
內口袋（正面）
②車縫。
①翻回正面。

③ 縫合表袋布。

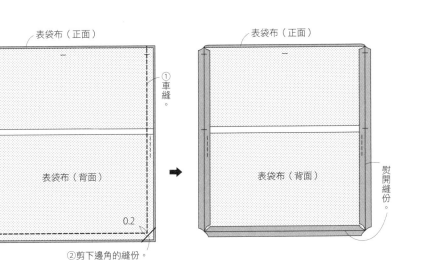

表袋布（正面）

表袋布（正面）

①車縫。

表袋布（背面）

熨開縫份。

表袋布（背面）

0.2

②剪下邊角的縫份。

④ 縫合裡袋布。

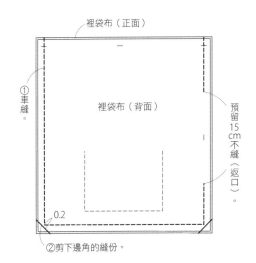

裡袋布（正面）

①車縫。

裡袋布（背面）

預留15cm不縫（返口）。

0.2

②剪下邊角的縫份。

⑤ 熨開縫份。

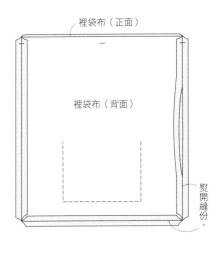

裡袋布（正面）

裡袋布（背面）

熨開縫份。

⑥ 縫合表袋布＆裡袋布。

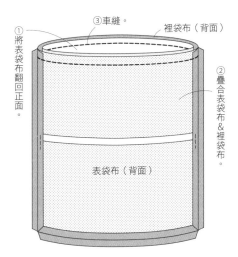

①將表袋布翻回正面。

③車縫。

裡袋布（背面）

②疊合表袋布＆裡袋布。

表袋布（背面）

⑨ 完成！

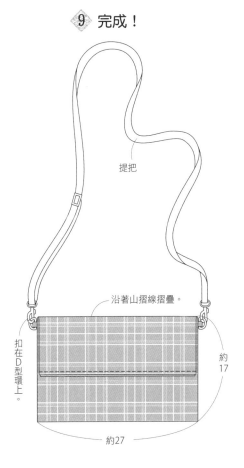

提把

沿著山摺線摺疊。

扣在D型環上。

約17

約27

⑦ 翻回正面。

表袋布（正面）

③車縫。

①從返口翻回正面。

裡袋布（正面）

②以藏針縫縫合返口。

⑧ 縫上磁釦。

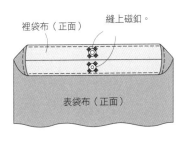

裡袋布（正面）

縫上磁釦。

表袋布（正面）

❖ **材料**
・表布（棉布・鳥紋）80cm寬 80cm
・裡布（棉布・素色）80cm寬 40cm
・布襯 90cm寬 40cm・拉鍊 30cm×1條
・日型環1.5cm（AK-24-15／INAZUMA）1個
・D型環1.2cm（AK-6-16／INAZUMA）2個
・問號鉤1.5cm（AK-19-15／INAZUMA）2個

表布裁布圖 =燙貼布襯位置

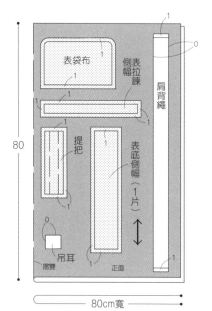

80cm寬

裡布裁布圖

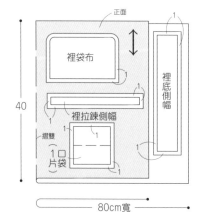

80cm寬

製圖

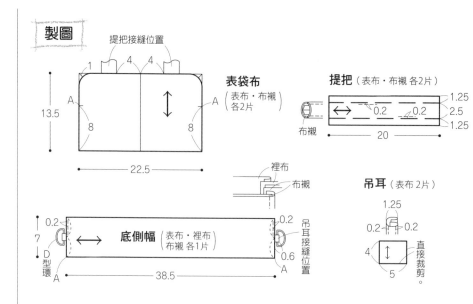

表袋布（表布・布襯 各2片）

提把（表布・布襯 各2片）

底側幅（表布・裡布 布襯 各1片）

吊耳（表布 2片）

拉鍊側幅（表布・裡布 布襯 各2片）

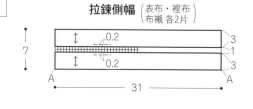

裡袋布（裡布 2片）

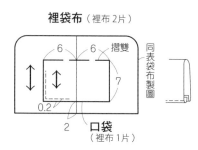

口袋（裡布 1片）

肩背繩（表布 1片）

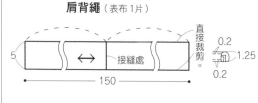

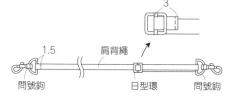

問號鉤　日型環　問號鉤

作法　※參見裁布圖，在指定的位置燙貼布襯後再開始車縫。

① **製作吊耳**

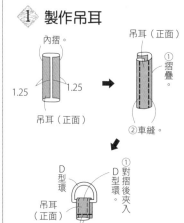

② **在拉鍊側幅上接縫拉鍊，並與底側幅縫合。**

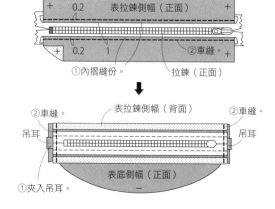

③ 倒放縫份後車縫。

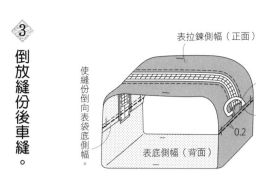

表拉鍊側幅（正面）
吊耳
使縫份倒向表袋底側幅。
車縫。
0.2
表底側幅（背面）

④ 製作提把。

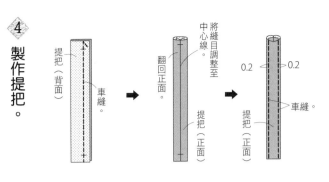

提把（背面）
車縫。
翻回正面。
將縫目調整至中心線。
提把（正面）
0.2 0.2
車縫。
提把（正面）

⑤ 縫合表袋布＆側幅。

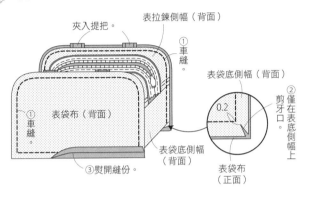

夾入提把。
表拉鍊側幅（背面）
①車縫。
表袋底側幅（背面）
②僅在表底側幅上剪牙口。
0.2
①車縫。
表袋布（背面）
③熨開縫份。
表袋底側幅（背面）
表袋布（正面）

⑥ 製作＆接縫口袋。

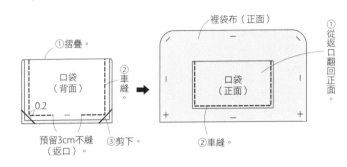

①摺疊。
裡袋布（正面）
①從返口翻回正面。
口袋（背面）
②車縫。
口袋（正面）
0.2
預留3cm不縫（返口）。
③剪下。
②車縫。

⑦ 縫合裡袋布＆側幅。

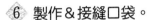

③車縫。
裡拉鍊側幅（背面）
裡底側幅（背面）
①內摺縫份。
②車縫。
0.2
④僅在表底側幅上剪牙口。
裡袋布（背面）
裡袋布（正面）
裡袋底側幅（背面）
④熨開縫份。
打開間距1cm。

⑧ 在表袋布上覆蓋裡袋布，再以藏針縫縫合。

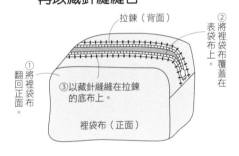

拉鍊（背面）
②將裡袋布覆蓋在表袋布上。
①翻回正面。將裡袋布
③以藏針縫縫在拉鍊的底布上。
裡袋布（正面）

⑨ 製作肩背繩

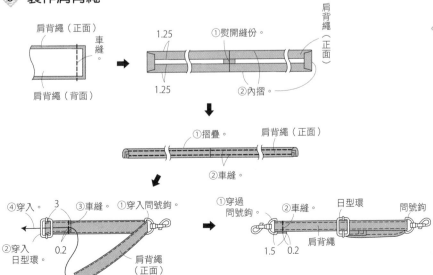

肩背繩（正面）
車縫。
肩背繩（背面）
1.25
①熨開縫份。
肩背繩（正面）
1.25
②內摺。
①摺疊。
肩背繩（正面）
②車縫。
④穿入。
3
③車縫。
①穿入問號鉤。
①穿過問號鉤。
②車縫。
日型環
問號鉤
②穿入日型環。
0.2
肩背繩（正面）
1.5 0.2
肩背繩

⑩ 完成！

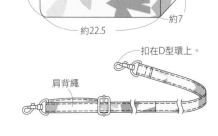

約13.5
約7
約22.5
扣在D型環上。
肩背繩

+ + + + + + + + + + + +

❖ **材料**
・表布（棉布・格子）80cm寬 40cm
・裡布（棉布・素色）70cm寬 30cm
・布襯 80cm寬 30cm
・緞帶 2.4cm寬 50cm
・D型環 1.1cm（AK-6-14／INAZUMA）2個
・磁釦 直徑1cm（AK-25-10／INAZUMA）1組
・提把（YAS-1014A#870深咖啡色／INAZUMA）1條

製圖

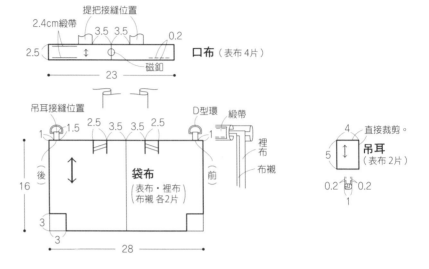

提把（表布・布襯 各2片）
0.2
0.2
摺雙
布襯
2.5
18.5

提把接縫位置
2.4cm緞帶
3.5 3.5
0.2
口布（表布 4片）
2.5
23
磁釦

吊耳接縫位置
1 1.5 2.5 3.5 3.5 2.5
D型環
緞帶
裡布
布襯
1
（後）
16
（前）
袋布
（表布・裡布・布襯 各2片）
3
3
28

4 直接裁剪。
5 **吊耳**（表布 2片）
0.2 0.2
1

◻ =燙貼布襯位置

作法 ※參見裁布圖，在指定的位置燙貼布襯後再開始車縫。

表布裁布圖

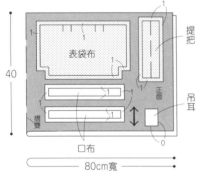

表袋布
40
提把
正面
吊耳
摺雙
口布
0
80cm寬

裡布裁布圖

裡袋布
30
正面
摺雙
70cm寬

① **製作吊耳。**

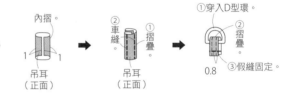

內摺。
1 1
吊耳（正面）
②車縫。
①摺疊
吊耳（正面）
①穿入D型環。
②摺疊
③假縫固定。
0.8

② **摺出袋布的褶襉。**

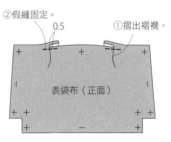

②假縫固定。
0.5
①摺出褶襉。
表袋布（正面）

①以表袋布相反方向摺褶襉。
0.5
裡袋布（正面）
②假縫固定。

③ **車縫袋布的脇線&底線。**

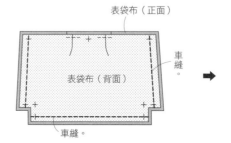

表袋布（正面）
表袋布（背面）
車縫。
車縫。

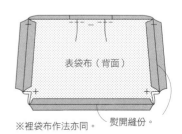

表袋布（背面）
※裡袋布作法亦同。
熨開縫份。

4 車縫側幅。

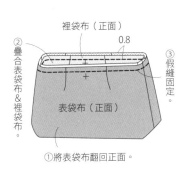

※裡袋布作法亦同。

表袋布（正面） 底線 ①對合脇線＆底線
表袋布（背面）
②車縫。 脇線

5 將吊耳假縫固定在裡袋布上。

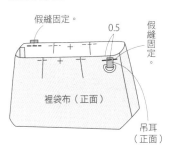

假縫固定。 0.5 假縫固定。
裡袋布（正面）
吊耳（正面）

6 疊合表袋布＆裡袋布。

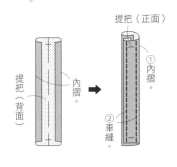

裡袋布（正面） 0.8 ③假縫固定。
②疊合表袋布＆裡袋布。
表袋布（正面）
①將表袋布翻回正面。

7 製作提把。

提把（正面）
提把（背面） 內摺。 ①內摺。
②車縫。

8 縫製口布。

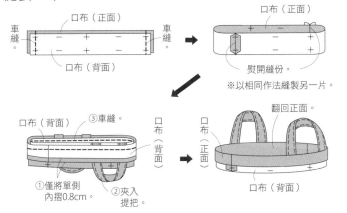

車縫。 口布（正面） 車縫。
口布（背面）

口布（正面）
熨開縫份。
※以相同作法縫製另一片。

口布（背面） ③車縫。 口布（背面）
口布（背面）
翻回正面。 口布（正面）
①僅將單側內摺0.8cm。 ②夾入提把。 口布（背面）

9 在袋布上接縫口布。

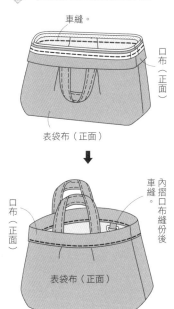

車縫。 口布（正面）
表袋布（正面）

口布（正面） 內摺口布縫份後車縫。
表袋布（正面）

10 在口布上接縫緞帶。

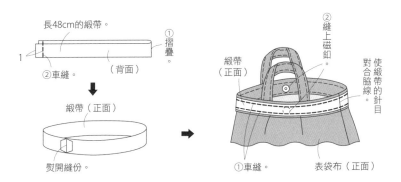

長48cm的緞帶。 ①摺疊。
1 ②車縫。 （背面）

緞帶（正面）
熨開縫份。

②縫上磁釦。
緞帶（正面）
使緞帶的針目對合脇線的針目
①車縫。 表袋布（正面）

11 完成！

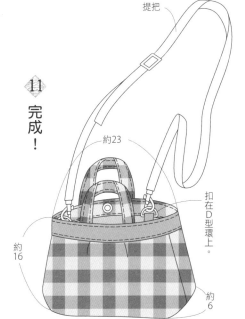

提把
約23
扣在D型環上。
約16
約6

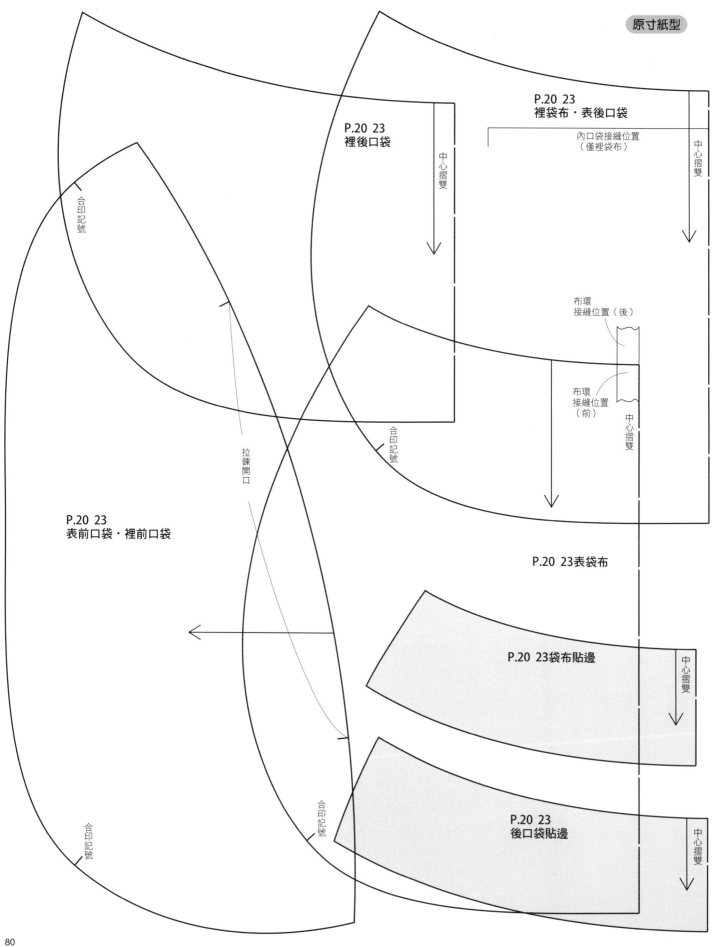

P.20 23
裡後口袋

P.20 23
裡袋布・表後口袋

內口袋接縫位置
（僅裡袋布）

中心摺雙

中心摺雙

合印記號

布環
接縫位置（後）

布環
接縫位置
（前）

中心摺雙

合印記號

拉鍊開口

P.20 23
表前口袋・裡前口袋

P.20 23表袋布

合印記號

P.20 23袋布貼邊

中心摺雙

合印記號

P.20 23
後口袋貼邊

中心摺雙

合印記號

國家圖書館出版品預行編目(CIP)資料

輕便出門剛剛好の人氣斜背包 / BOUTIQUE-SHA授權；
夏淑怡譯. -- 三版. -- 新北市：Elegant-Boutique新手作
出版：悅智文化事業有限公司發行, 2024.01
　　面；　公分. -- (輕.布作；38)
ISBN 978-626-97141-7-9(平裝)

1.CST: 手提袋 2.CST: 手工藝

426.7　　　　　　　　　　　　　　　112017476

🛍 輕‧布作 38

輕便出門剛剛好の人氣斜背包（經典版）

授　　　權／BOUTIQUE-SHA
譯　　　者／夏淑怡
發 行 人／詹慶和
選 書 人／Eliza Elegant Zeal
執行編輯／陳姿伶
編　　　輯／劉蕙寧‧黃璟安‧詹凱雲
執行美編／陳麗娜
美術編輯／周盈汝‧韓欣恬
內頁排版／造極
出 版 者／Elegant-Boutique新手作
發 行 者／悅智文化事業有限公司　　郵政劃撥帳號／19452608
戶　　　名／悅智文化事業有限公司
地　　　址／新北市板橋區板新路206號3樓
網　　　址／www.elegantbooks.com.tw
電子郵件／elegant.books@msa.hinet.net
電　　　話／(02)8952-4078
傳　　　真／(02)8952-4084

2016年8月初版一刷　2021年9月二版一刷
2024年1月三版一刷　定價280元

Lady Boutique Series No.4142
Tezukuri shitai Ninki no Pochette
Copyright © 2015 Boutique-sha, Inc.
All rights reserved.
Original Japanese edition published in Japan by BOUTIQUE-SHA.
Chinese（in complex character）translation rights arranged with BOUTIQUE-SHA.
through KEIO CULTURAL ENTERPRISE CO., LTD.

經銷／易可數位行銷股份有限公司
地址／新北市新店區寶橋路235巷6弄3號5樓
電話／(02)8911-0825
傳真／(02)8911-0801

STAFF

編輯／新井久子　松井麻美
攝影／藤田律子
髮型＆化妝／高松由佳（Steam）
模特兒／asaco
書籍設計／三部由加里
插畫／加山明子
作法校閱／矢島悠子

輕便出門剛剛好の人氣斜背包

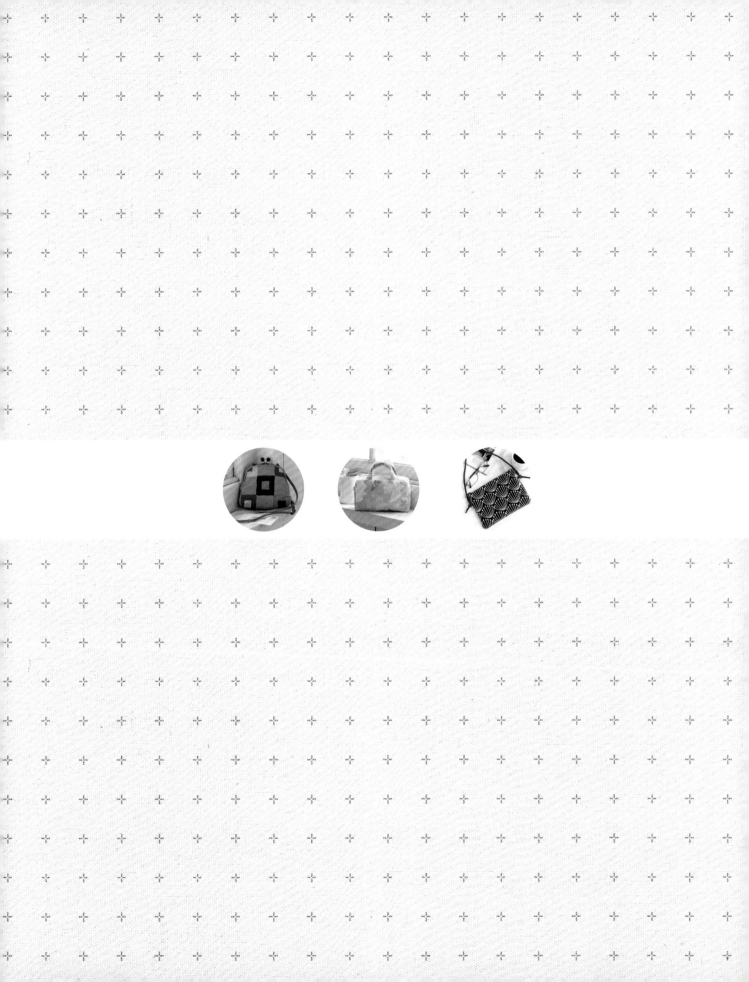

輕便出門剛剛好の人氣斜背包